职业教育课程改革系列教材

机电类专业教学与考工用书

机 械 识 图

主　编　韦燕菊

副主编　秦　健

参　编　赵金泽　杨俭玉　徐　琳

　　　　谢超丽　刘晓辉

主　审　杨柳青

机械工业出版社

本教材是编者在总结和吸取多年职业教育教学改革实践经验的基础上编写而成的，主要内容包括：机械制图的基本知识，正投影法及基本体的视图，轴测图，组合体，机件常用的表达方法，标准件和常用件，零件图，装配图，展开图和焊接图。本教材与《机械识图习题册》配套使用，可作为各职业院校机械类专业教学用书，也可作为职业培训教材。

图书在版编目（CIP）数据

机械识图/韦燕菊主编. —北京：机械工业出版社，2011.10（2025.2重印）
职业教育课程改革系列教材
ISBN 978-7-111-36040-7

Ⅰ.①机… Ⅱ.①韦… Ⅲ.①机械图-识别-中等专业学
校-教材 Ⅳ.①TH126.1

中国版本图书馆 CIP 数据核字（2011）第 199980 号

机械工业出版社（北京市百万庄大街 22 号 邮政编码 100037）
策划编辑：汪光灿 责任编辑：汪光灿 王莉娜
版式设计：霍永明 责任校对：刘志文
封面设计：王伟光 责任印制：张 博
北京建宏印刷有限公司印刷
2025 年 2 月第 1 版第 10 次印刷
184mm×260mm · 13.25 印张 · 328 千字
标准书号：ISBN 978-7-111-36040-7
定价：39.00 元

电话服务 网络服务
客服电话：010-88361066 机 工 官 网：www.cmpbook.com
　　　　　010-88379833 机 工 官 博：weibo.com/cmp1952
　　　　　010-68326294 金 书 网：www.golden-book.com
封底无防伪标均为盗版 机工教育服务网：www.cmpedu.com

前　言

本教材是一线教师和行业专家在总结和吸取多年职业教育教学改革实践经验的基础上编写而成的，体现了理解概念，培养识图能力，培养综合实践能力的教学目标。主要有以下几方面特点：

1. 突出职业教育特色。根据机械类专业学生实际需要，合理确定学生应具备的能力结构与知识结构，加强实践性教学内容。

2. 根据科学技术发展的要求，尽可能多地在教材中充实新知识、新技术、新材料和新设备等方面的内容，同时严格贯彻国家最新的制图技术标准。

3. 努力贯彻国家关于职业资格证书与学历证书并重的政策精神，力求使教材内容涵盖有关国家职业标准（中级）的知识和技能要求。

4. 力求直观、通俗易懂，为便于学习，配套《机械识图习题册》，以巩固所学知识。

本教材主要内容包括：机械制图的基本知识、正投影法及基本体的视图、轴测图、组合体、机件常用的表达方法、标准件和常用件、零件图、装配图、展开图、焊接图，建议学时为140学时。

本教材内容贴近企业生产实际，既可作为职业院校机械类专业的教学用书，又可作为职业培训用书。

本教材由韦燕菊任主编，秦健任副主编，参加编写的还有赵金泽、杨俭玉、徐琳、谢超丽、刘晓辉。杨柳青任主审。

由于编者水平所限，书中不足之处，恳请读者批评指正。

编　者

目　　录

绪　　论

一、本课程的性质及其研究对象

本课程是研究阅读和绘制机械工程图样的技术基础课，主要内容以正投影法和国家标准中的规定画法为基础，培养学生良好的阅读和绘制工程图样的能力。

在现代工业生产中，大到机器设备，小到仪器仪表，无论是设计还是制造、使用、维修，都离不开机械图样。机械工程图样记录和传递着设计者的智慧和意图，承载着机器或零件的形状、大小、加工、检验等技术的全部信息。机械工程图样是工业生产的重要技术文件，也是创造发明、进行科技交流的重要工具。因此，图样是工程技术人员必须掌握的技术语言，也是每个工程技术人员必须具备的基本工程素质。

如图 0-1 所示为一零件图，从图中可看出，机械工程图样的主要内容有下面四个方面：

（1）一组图形　表示机器或零件的形状结构等。

（2）尺寸　表示机器或零件的大小。

（3）技术要求　为达到工作性能而提出的技术措施和要求。

（4）标题栏　填写机器或零件的名称、材料、数量、绘图比例等内容。

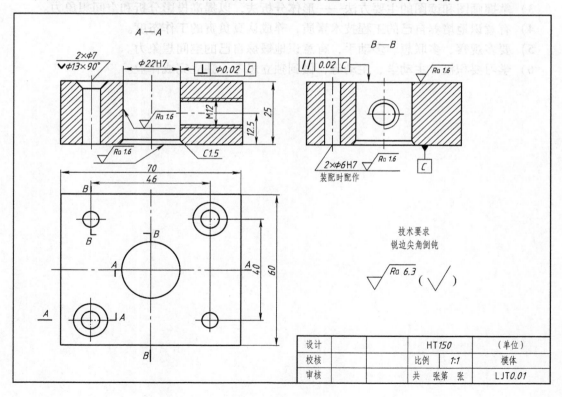

图 0-1　零件图

由此可知，机械工程图样所含的内容涉及工程设计及绘图、制造工艺、材料、公差等有关专业知识。

二、本课程的主要学习任务

1）学习正投影法的基本理论和方法，培养空间想象力。

2）学习、了解和遵守国家制图标准中的有关规定，掌握图样的画法、尺寸注法等基本规定。

3）培养绘制和阅读工程图样的基本能力。

学习本课程后，应达到以下要求：掌握正投影法的基本理论和基本方法；能应用所学的基本理论、基本知识和基本技能进行图样阅读；掌握徒手绘图、尺规绘图的基本技能。

三、本课程的学习方法

1）掌握三个基本（基本理论、基本知识、基本技能），多实践，必须完成一定数量的习题。

机械识图是一门实践性很强的技术基础课，自始至终研究的是空间物体与其投影之间的对应转换关系，绘图和读图是反映这一对应关系的具体形式。因此，要彻底理解机械识图的基本概念和基本理论，在此基础上，由浅入深地进行绘图和读图的实践，注意结合实际多看、多想、多画，不断地由物画图、由图想物，再独立地完成一定数量的练习，这是学好本课程的基本要求。

2）确立严格遵守标准的意识，贯彻执行国家标准是画对图、读懂图的基础与根本。

3）掌握画图和读图的主要方法——形体分析法，以提高投影分析和空间想象力。

4）有意识地培养自己的工程技术素质，养成认真负责的工作态度。

5）要多观察、多联想、多动手，有意识地锻炼自己的空间想象力。

6）学习要积极，主动学、主动练，做到独立思考、独立完成作业。

第一章　机械制图的基本知识

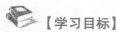

【学习目标】

1. 掌握国家标准《技术制图》、《机械制图》的有关基本规定。
2. 正确使用绘图工具和仪器。
3. 熟练掌握几何作图方法及绘制平面图形的方法。
4. 掌握尺规绘图的基本步骤和方法。

工程图样是现代工业生产中的重要技术资料，也是工程界交流信息的共同语言，具有严格的规范性。掌握制图的基本知识与技能，是培养画图和读图能力的基础。本章着重介绍制图的基本规定和几何作图方法，并简要介绍绘图工具的使用及徒手绘图技能。

第一节　制图的基本规定

为了便于生产管理和技术交流，我国制定发布了一系列国家标准，简称国标（代号"GB"）。国家标准《技术制图》和《机械制图》是工程界重要的技术基础标准，是绘制、识读机械图样的准则和依据。每个工程技术人员必须确立标准意识，熟知并掌握这些基本规定。

一、图纸幅面和格式（GB/T 14689—2008）

1. 图纸幅面

绘制图样时，应优先采用表 1-1 中规定的图纸基本幅面尺寸。基本幅面代号有 A0、A1、A2、A3、A4 等五种。如图 1-1 所示，粗实线为基本幅面，必要时，可以按规定加长图纸的幅面，加长幅面的尺寸由基本幅面的短边成整数倍增加后得出；细实线为第二选择的加长幅面；虚线为第三选择的加长幅面。

表 1-1　基本幅面代号及其尺寸　　　　　（单位：mm）

幅面代号	幅面尺寸	周边尺寸		
	$B \times L$	a	c	e
A0	841 × 1189	25	10	20
A1	594 × 841	25	10	20
A2	420 × 594	25	10	20
A3	297 × 420	25	5	10
A4	210 × 297	25	5	10

2. 图框格式

在图纸上必须用粗实线画出图框，图样必须绘制在图框内部。图框格式分为留有装订边和不留装订边两种，如图 1-2 和图 1-3 所示。同一产品的图样只能采用一种图框格式。

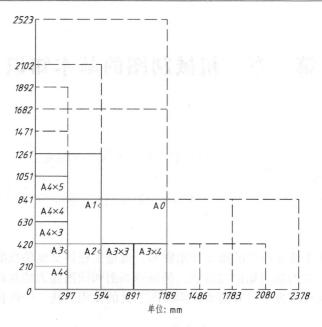

图 1-1　五种图纸幅面及加长边

　　为复制或缩微摄影时便于定位，应在图纸各边长的中点处绘制对中符号。对中符号是从纸边开始伸入图框内约 5mm，如图 1-3b 所示。当对中符号在标题栏范围内时，伸入标题栏内的部分则予以省略。

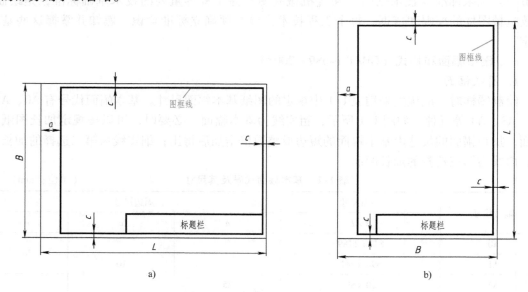

图 1-2　留有装订边的图框格式

　　3. 标题栏

　　标题栏用来填写零部件名称、所用材料、图形比例、图号、单位名称及设计、审核、批准等有关人员的签字，其格式和尺寸由 GB/T 10609.1—2008 规定，教学中建议采用简化的标题栏，如图 1-4 所示。标题栏的外框线用粗实线画出。

　　标题栏位于图纸右下角，标题栏的文字方向为看图方向。如果使用预先印制的图纸，需

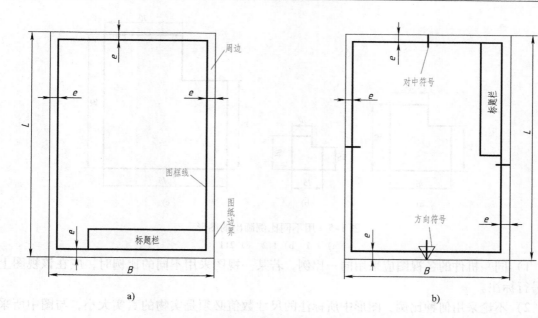

图 1-3　不留装订边的图框格式及对中、方向符号

设计				（材料）		（单位）
校核			比例			（图名）
审核			共　张　第　张			（图号）

图 1-4　标题栏格式

要改变标题栏的方向时，必须将其旋转至图纸的右上角。此时，为了明确看图方向，应在图纸的下边对中符号处画一个方向符号（细实线绘制的等边三角形），如图 1-3b 所示。

二、比例（GB/T 14690—1993）

比例是指图样中图形与其实物相应要素的线性尺寸之比。当需要按比例绘制图样时，应从表 1-2 规定的系列中选取。

表 1-2　绘图比例

种　类	比　例				
原值比例	1:1				
放大比例	2:1	5:1	$1 \times 10^n:1$	$2 \times 10^n:1$	$5 \times 10^n:1$
缩小比例	1:2	1:5	1:10	$1:2 \times 10^n$	$1:5 \times 10^n$　$1:1 \times 10^n$

为便于看图，建议尽可能按机件的实际大小即原值比例来画图。如机件太大或太小，则采用缩小或放大比例画图。用不同比例绘制的图形，如图 1-5 所示。

使用比例时应注意以下问题：

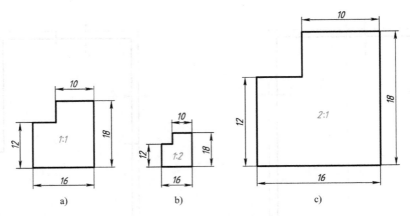

图 1-5　用不同比例画出的图形

a) 1:1　b) 1:2　c) 2:1

1）同一机件的各视图应采用同一比例，若某一视图采用不同的比例时，应在该视图上方另行标注。

2）不论采用何种比例，图形中所标注的尺寸数值必须是实物的真实大小，与图中所采用的比例无关。

三、图线（GB/T 17450—1998、GB/T 4457.4—2002）

1. 线型

绘图时，应采用国家标准规定的图线线型和画法。国家标准《技术制图　图线》（GB/T 17450—1998）规定了绘制各种技术图样的 15 种基本线型。根据基本线型及其变形，国家标准《机械制图　图样画法　图线》（GB/T 4457.4—2002）中规定了 9 种图线，其名称、线型及应用示例见表 1-3 和图 1-6。

表 1-3　图线的线型及其应用

图线名称	图线形式	图线宽度	一般应用举例
粗实线	——————	粗	可见轮廓线
细实线	——————	细	尺寸线及尺寸界线、剖面线、重合断面的轮廓线、过渡线
细虚线	– – – – –	细	不可见轮廓线
细点画线	—·—·—·—	细	轴线、对称中心线
粗点画线	—·—·—·—	粗	限定范围表示线
细双点画线	—··—··—··	细	相邻辅助零件的轮廓线、轨迹线、极限位置的轮廓线、中断线
波浪线	〜〜〜	细	断裂处的边界线、视图与剖视图的分界线
双折线	—／＼—／＼—	细	同波浪线
粗虚线	▬ ▬ ▬ ▬	粗	允许表面处理的表示线

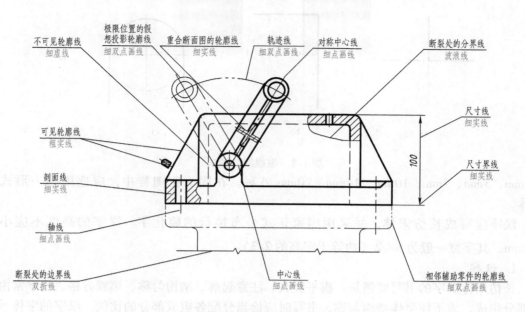

图 1-6 图线的应用

机械制图中通常采用两种线宽，粗、细线的宽度比为 2∶1，粗线宽度优先采用 0.5mm、0.7mm。为了保证图样清晰、便于复制，应尽量避免出现小于 0.18mm 的图线。

2. 图线画法

1）点画线、双点画线的首末两端应是线段而不是短划。画圆的中心线时，圆心处应是两线段的交点，细点画线的两端应超出轮廓 3 ~ 5mm，如图 1-7a 所示；当细点画线较短时（如小圆直径小于 8mm），允许用细实线代替细点画线，如图 1-7b 所示；图 1-7c 所示为错误画法。

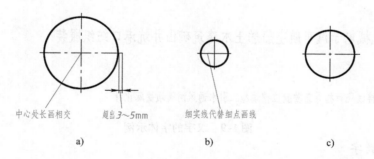

中心处长画相交   超出 3~5mm   细实线代替细点画线

a)   b)   c)

图 1-7 圆中心线的画法

2）细虚线直接在粗实线延长线上相接时，细虚线应留出空隙；细虚线与粗实线垂直相接时，则不留空隙；细虚线圆弧与粗实线相切时，细虚线圆弧应留出空隙，如图 1-8 所示。

3）在同一图样中，同类图线的宽度应基本一致，虚线、细点画线、双点画线的线段长度和间隔应各自大致相等，一般在图样中要显得匀称协调。

四、字体（GB/T 14691—1993）

图样中书写的汉字、数字、字母，必须做到：字体工整、笔画清楚、间隔均匀、排列整齐。字体的号数即字体的高度（用 h 表示），其公称尺寸系列分为 1.8mm、2.5mm、

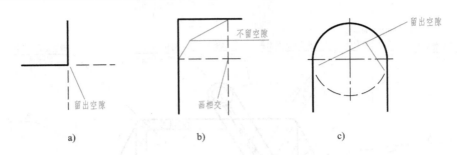

图 1-8　细虚线的画法

3.5mm、5mm、7mm、10mm、14mm、20mm 八种。在同一张图样中，应选用同一形式的字体。

汉字应写成长仿宋体，并采用国家正式公布推行的简化字。汉字的高度不应小于 3.5mm，其字宽一般为 $h/\sqrt{2}$（约等于字高的 2/3）。

1. 汉字

长仿宋体汉字的书写要领是：横平竖直、注意起落、结构匀称、填满方格。汉字常由几个部分组成，为了使字体结构匀称，书写时应恰当分配各组成部分的比例。汉字的字体示例如图 1-9 所示。

字体工整笔画清楚间隔均匀排列整齐

7 号字

横平竖直注意起落结构均匀填满方格

5 号字

技术制图机械电子汽车航空船舶土木建筑矿山井坑港口纺织服装

3.5 号字

螺纹齿轮端子接线飞行指导驾驶舱位挖填施工引水通风闸阀坝棉麻化纤

图 1-9　汉字的字体示例

2. 字母和数字

字母和数字可写成直体或斜体（常用斜体），斜体字字头向右倾斜，与水平基准线约成 75°。拉丁字母示例如图 1-10 所示，阿拉伯数字和罗马数字的字体示例如图 1-11 所示。

五、尺寸注法（GB/T 4458.4—2003、GB/T 16675.2—1996）

图形只能表达机件的形状，而其大小由标注的尺寸确定。尺寸是图样中的重要内容之一，是制造机件的直接依据。因此，在标注尺寸时，应严格遵照国标有关尺寸注法的规定，做到正确、齐全、清晰、合理。

1. 尺寸注法的基本规则

1）机件的真实大小应以图样上所注的尺寸数值为依据，与图形的大小及绘图的准确度

图 1-10 拉丁字母示例

无关。

2）图样中的尺寸以 "mm" 为单位时，不必标注计量单位的符号或名称，如果用其他单位时，则必须注明相应的单位符号。

3）图样中所标注的尺寸为该图样所示机件的最后完工尺寸，否则应另加说明。

4）机件的每一尺寸一般只标注一次，并应标注在表示该结构最清晰的图形上。

5）标注尺寸时，应尽可能使用符号或缩写词。常用符号及缩写词见表 1-4。

图 1-11 数字示例

表 1-4 常用符号及缩写词

含义	符号或缩写词	含义	符号或缩写词	含义	符号或缩写词
直径	ϕ	45°倒角	C	斜度	∠
半径	R	正方形	□	锥度	◁
球直径	$S\phi$	深度	↓	展开长	○→
球半径	SR	沉孔或锪平	⊔	弧长	⌒
厚度	t	埋头孔	∨	均布	EQS

2. 标注尺寸的要素

一个完整的尺寸应包括尺寸界线、尺寸线和尺寸数字三个要素，通常称尺寸的三要素，如图 1-12 所示。

（1）尺寸界线 尺寸界线表示所注尺寸的起始和终止位置，用细实线绘制，由图形的轮廓线、轴线或对称中心线引出，也可以利用这些线来代替尺寸界线。尺寸界线一般应与尺寸线垂直，并超出尺寸线终端 2~3mm。

（2）尺寸线 尺寸线用细实线绘制，不能用其他图线代替，一般也不得与其他图线重合或画在其延长

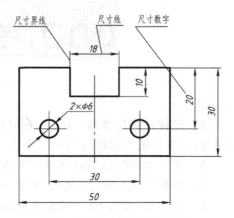

图 1-12 尺寸标注的三要素

线上。标注线性尺寸时，尺寸线应与所标注的线段平行。当有几条互相平行的尺寸线时，大尺寸要注在小尺寸的外面，在圆或圆弧上标直径或半径时，尺寸线一般应通过圆心或其延长线通过圆心。尺寸线的终端为箭头，其画法如图1-13a所示；尺寸线终端也可以画成斜线，如图1-13b所示。机械图样中通常采用箭头作为尺寸线的终端形式，斜线终端形式主要用于建筑图样。当没有足够的位置画箭头时，可用小圆点或斜线代替（见图1-13c、d）。

注意：同一张图样中只能采用一种尺寸线终端的形式，不能混用。

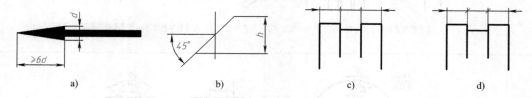

图1-13　尺寸线终端的画法

（3）尺寸数字　尺寸数字一般应注在尺寸线的上方或左方，也允许注在尺寸线的中断处。在倾斜的尺寸线上注尺寸数字时，必须使字头方向有向上的趋势。线性尺寸、角度尺寸、圆及圆弧尺寸、小尺寸等的注法见表1-5。

表1-5　尺寸注法示例

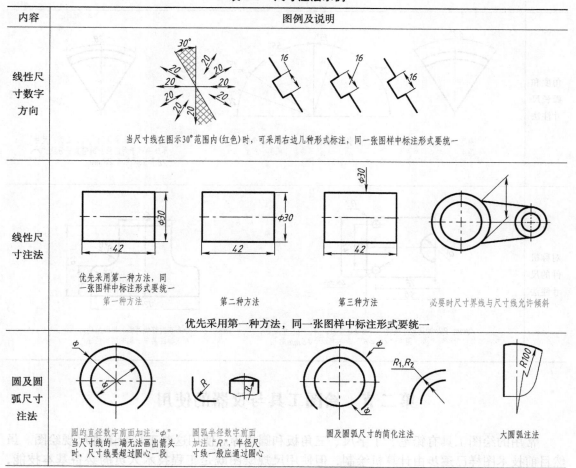

（续）

内容	图例及说明
小尺寸注法	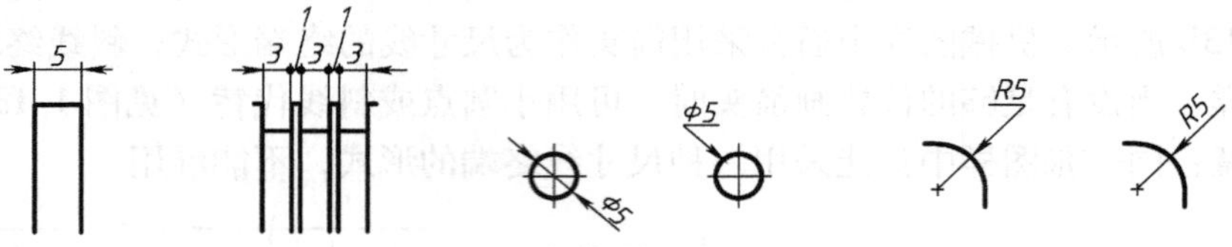 无足够位置标注小尺寸时，箭头可外移或用小圆点代替两个箭头，尺寸数字也可写在尺寸界线外或引出标注
避免图线通过尺寸数字	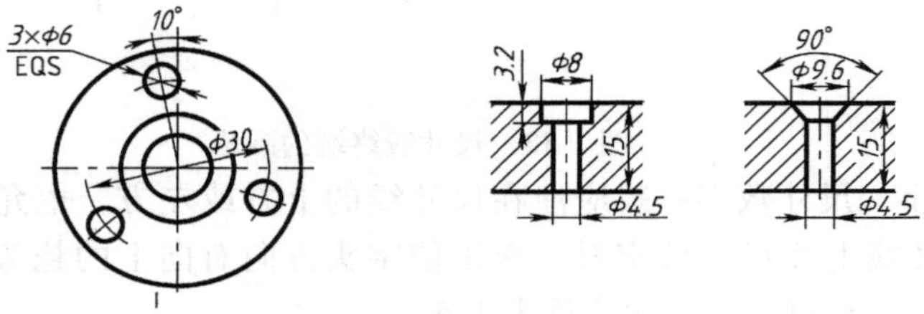 当尺寸数字无法避免被图线通过时，图线必须断开。图中"3×ϕ6EQS"表示3个ϕ6mm孔均布
角度和弧长尺寸注法	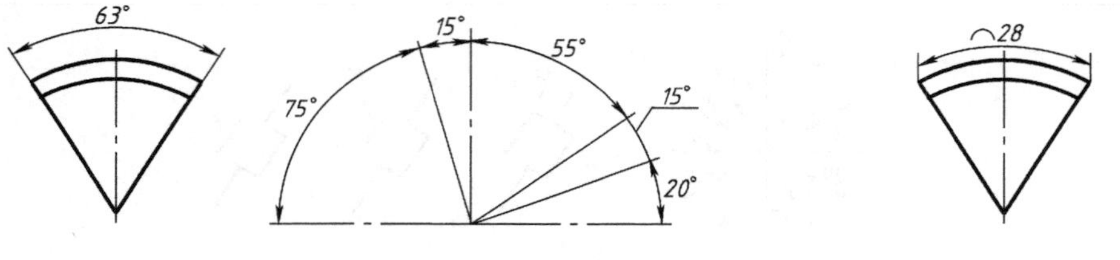 角度的尺寸界线应沿径向引出，尺寸线画成圆弧，其圆心是该角的顶点。角度的尺寸数字一律水平书写，一般注写在尺寸线的中断处，必要时也可注写在尺寸线的上方、外侧或引出标注　　弧长的尺寸线是该圆弧的同心弧，尺寸界线平行于对应弦长的垂直平分线。"⌒28"表示弦长28mm
对称机件的尺寸注法	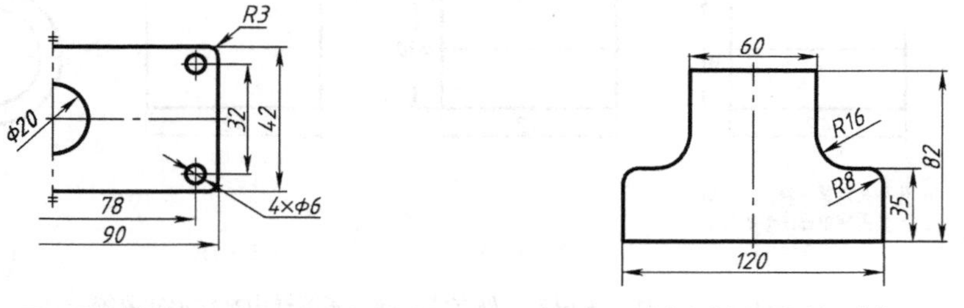 78mm、90mm两尺寸线的一端无法注全时，它们的尺寸线要超过对称线一段。图中"4×ϕ6"表示有4个ϕ6mm的孔　　分布在对称线两侧的相同结构，可仅标注其中一侧的结构尺寸

第二节　绘图工具与仪器的使用

常用的绘图工具有铅笔、丁字尺、三角板和圆规等。使用这些工具绘图称尺规绘图。虽然目前技术图样已逐步由计算机绘制，但使用尺规绘图既是工程技术人员的必备基本技能，也是学习图学理论知识的方法，必须熟练掌握。

一、图板和丁字尺

画图时，先将图纸用胶带固定在图板上，丁字尺头部紧靠图板左边，画线时铅笔垂直于纸面并向右倾斜约30°（见图1-14）。丁字尺上下移动到画线位置，自左向右画水平线（见图1-15）。

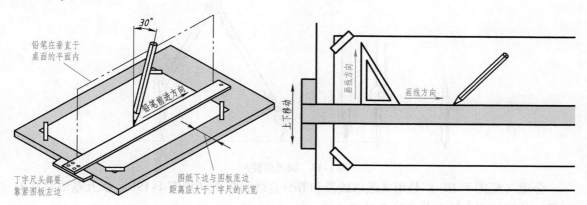

图1-14　图板和丁字尺　　　　　　　　图1-15　用丁字尺和三角板画水平线

二、三角板

一副三角板由45°和30°（60°）两块直角三角板组成。三角板与丁字尺配合使用可画垂直线（见图1-15），还可画出与水平线成30°、45°、60°以及15°的任意整倍数的倾斜线，如图1-16所示。

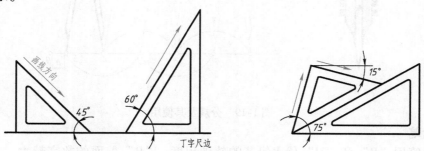

图1-16　用三角板画常用角度斜线

两块三角板配合使用，可画任意已知直线的垂直线或平行线，如图1-17所示。

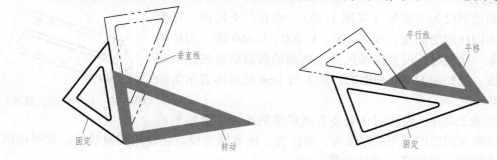

图1-17　两块三角板配合使用

三、圆规和分规

圆规用来画圆和圆弧。画圆时，圆规的钢针应使用有台阶的一端（避免图纸上的针孔不断扩大），并使笔尖与纸面垂直。圆规的使用方法如图 1-18 所示。

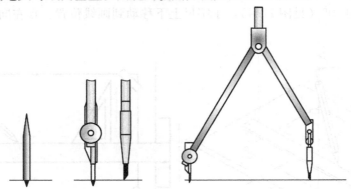

图 1-18　圆规的使用

分规（见图 1-19a）是用来截取线段和等分直线和圆周（见图 1-19b）以及量取尺寸的工具。分规的两个针尖并拢时应对齐。

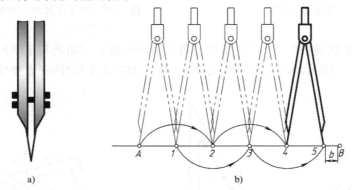

a)　　　　　　　　　　　　　b)

图 1-19　分规及其使用

四、铅笔

绘图铅笔用"B"和"H"代表铅芯的软硬程度，"B"前面的数字越大，表示铅芯越软（黑）；"H"前面的数字越大，表示铅芯越硬（淡）；HB 表示软硬适中。

五、比例尺

常用的比例尺为三棱尺（见图 1-20），它有三个尺面，尺面上有六种不同比例的刻度，如 1∶100、1∶200、1∶600 等。当使用比例尺上某一比例时，可直接按尺面上所刻的数值截取或读出刻度线的长度。例如按 1∶100 画图时，图上每 1cm 长度即表示实际长度为 100cm。

图 1-20　比例尺（三棱尺）

除了上述工具外，绘图时还要备有削铅笔的小刀、磨铅笔的砂纸、橡皮以及固定图纸用的胶带等；有时为了画非圆曲线，还要用到曲线板；如要描图，则要用到直线笔（鸭嘴笔）或针管笔。

第三节　几何作图方法

一、线段和圆周等分

1．线段等分

可采用试分法和比例法来进行线段等分，其中常用的是比例法。下面以五等分线段为例进行说明，如图1-21所示。

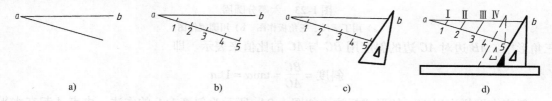

图1-21　用比例法五等分线段

用比例法五等分线段的作图步骤如下：

1）已知线段 ab，从 ab 的端点 a 作任一斜线。

2）在所作斜线上，自 a 点截取五个等分长度。

3）连接 5 点和 b 点。

4）过 4、3、2、1 点作 $5b$ 线的平行线，与 ab 线的各交点即为五等分点。

2．圆周等分

（1）五等分圆周　五等分圆周和作圆的内接正五边形的方法如图1-22所示，其作图步骤如下：

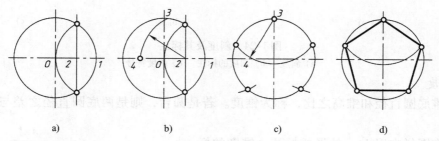

图1-22　五等分圆周

1）如图1-22a所示，以 1 为圆心，$O1$ 为半径作弧，交圆周两点，连接两交点，交半径 $O1$ 于 2 点。

2）如图1-22b所示，以 2 为圆心，23 为半径作弧，交水平直径于 4 点。

3）如图1-22c所示，以 34 为五边形边长，等分圆周。

4）连接各等分点，即得圆内接五边形，如图1-22d所示。

（2）六等分圆周　可用丁字尺和三角板配合直接画出或用圆规来作图，其作图方法如图1-23所示。

二、斜度和锥度

1．斜度

一直线对另一直线或一平面对另一平面的倾斜程度，称为斜度。如图1-24a所示的直角

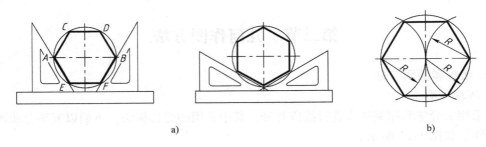

图 1-23　六等分圆周
a）用丁字尺、三角板作图　b）用圆规作图

三角形中，AB 边对 AC 边的斜度用 BC 与 AC 的比值来表示。即

$$斜度 = \frac{BC}{AC} = \tan\alpha = 1:n$$

斜度在图样中以 $1:n$ 的形式标注。如图 1-24a 所示为斜度 1:6 的作法：由点 A 起在水平线段上取 6 个单位长度得点 B，过点 B 作 AB 的垂线 BC，取 BC 为一个单位长；连接 AC，即得斜度为 1:6 的直线。

斜度在图样中的标注形式如图 1-24b 所示。斜度符号为"∠"，斜度符号要与斜度方向一致，其画法如图 1-24c 所示（h 为字高）。

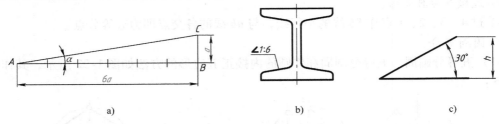

图 1-24　斜度及其标注
a）斜度　b）斜度的标注　c）斜度符号

2. 锥度

正圆锥底圆直径和锥高之比，称为锥度。若是圆台，则是两底圆直径之差与圆锥台高之比。

锥度在图样中以 $1:n$ 的形式标注，锥度的标注形式如图 1-25b 所示。锥度符号为"▷"，画法如图 1-25c 所示。锥度符号的方向应与圆锥方向一致。

如图 1-25a 所示为锥度 1:3 的画法：由点 S 在水平线上取 6 个单位长度得点 O；过点 O 作 SO 的垂线，分别向上和向下截取一个单位长度，得 A、B 两点；分别将点 A、B 与点 S 相连，即得 1:3 的锥度。

三、圆弧连接

用已知半径的圆弧，光滑地连接另外两条已知线段（直线或圆弧）的作图方法称为圆弧连

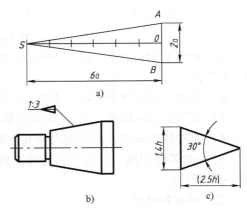

图 1-25　锥度及其标注
a）锥度　b）锥度的标注　c）锥度符号

接。要保证圆弧连接光滑，必须要使线段与线段在连接处相切，其作图步骤如下：

1）求作圆弧连接的圆心。

2）确定连接圆弧与已知线段的切点。

3）光滑连接。

圆弧连接的作图方法与步骤见表1-6。

表1-6 圆弧连接的作图方法和步骤

已知条件	作图方法和步骤		
	求连接圆弧圆心	求切点	画连接弧
圆弧连接两已知直线	作已知两直线的平行线，距离为 R，得交点即为圆心	过 O 点作两已知直线的垂线，垂足即为切点	以 O 为圆心，R 为半径画连接弧
圆弧内连接已知直线和圆弧	作与已知直线距离为 R 的平行线，作与已知圆弧距离为 R 的同心圆，得交点即为圆心	过 O 点作已知直线的垂线，得垂足 B 即为切点；连接 OO_1 点并延长，交已知圆弧 A 为切点	以 O 为圆心，R 为半径画连接弧
圆弧外连接两已知圆弧	分别以 O_1、O_2 为圆心，$R+R_1$ 和 $R+R_2$ 为半径画弧，得交点即为圆心	连接 OO_1、OO_2，与已知圆弧交点 A、B 即为切点	以 O 为圆心，R 为半径画连接弧

（续）

已知条件	作图方法和步骤		
	求连接圆弧圆心	求切点	画连接弧
圆弧内连接两已知圆弧	分别以 O_1、O_2 为圆心，$R-R_1$ 和 $R-R_2$ 为半径画弧，得交点即为圆心	连接 OO_1、OO_2 并延长，与已知圆弧交点 A、B 即为切点	以 O 为圆心，R 为半径画连接弧
圆弧分别内外连接两已知圆弧	以 O_1 为圆心，$R+R_1$ 为半径画弧；以 O_2 为圆心，R_2-R 为半径画弧得交点即为圆心	连接 OO_1 交已知圆弧点 A、连接 O_2O 并延长交已知圆弧点 B，即为切点	以 O 为圆心，R 为半径画连接弧

四、椭圆

椭圆为非圆曲线，常用四心圆法作椭圆的近似画法。已知长、短轴，用四心圆法作椭圆的方法与步骤如图 1-26 所示。

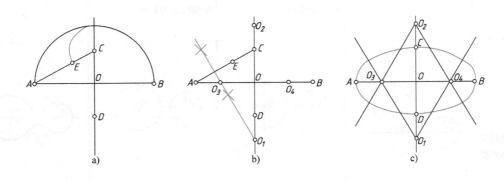

图 1-26　用四心圆法画椭圆

1）画出长、短轴 AB、CD，连 AC，以 C 为圆心，长半轴与短半轴之差为半径画弧交 AC 于 E 点（见图 1-26a）。

2）作 AE 的中垂线，与长、短轴交于 O_3 和 O_1 点；并分别作出其对称点 O_4 和 O_2（见图1-26b）。

3）分别以 O_1、O_2 为圆心，O_1C 为半径画大弧，以 O_3、O_4 为圆心，O_3A 为半径画小弧（大小弧的切点在相应的连心线上），即得椭圆（见图1-26c）。

五、平面图形的分析与画法

平面图形是由若干直线和曲线封闭连接组合而成的。画平面图形时，要通过对这些直线或曲线的尺寸及连接关系的分析，才能确定平面图形的作图步骤。下面以图1-27为例，说明平面图形的分析方法和作图步骤。

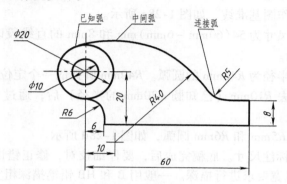

图1-27　平面图形的尺寸与线段分析

1. 平面图形的尺寸分析

（1）定形尺寸　确定图形各组成部分的形状和大小的尺寸叫做定形尺寸，如图1-27中的尺寸 $\phi10\text{mm}$、$\phi20\text{mm}$ 和 8mm 等。

（2）定位尺寸　确定图形各组成部分相对位置的尺寸叫做定位尺寸，如图1-27中的尺寸 6mm、10mm 和 20mm 等。

（3）尺寸基准　尺寸基准是标注尺寸的起始点（简称基准）。通常选择图形的轴线、对称中心或较长的轮廓直线作为尺寸基准。在平面图形中，一般应选择水平和垂直两个方向的尺寸基准。如在图1-27中，平面图形的下方的水平轮廓线和通过圆心的垂直中心线即为水平和垂直方向的尺寸基准。

在分析平面图形的尺寸时，要先弄清楚两个方向的尺寸基准，哪些尺寸是定形尺寸，哪些尺寸是定位尺寸。只有作出正确的尺寸分析后，才能进一步对图形中的线段进行分析。

2. 平面图形的线段分析

要画如图1-27所示的平面图形，应从哪条线画起呢？这就需要弄清尺寸与线段的关系，了解平面图形中线段的性质。根据定形和定位尺寸，可将平面图形中的线段分为三种类型。

（1）已知线段　定形和定位尺寸均齐全，根据这些尺寸就能直接画出的线段，称为已知线段。如图1-27中的圆 $\phi10\text{mm}$、$\phi20\text{mm}$ 和直线段 8mm、54（60mm − 6mm）mm 均为已知线段。

（2）中间线段　定形尺寸已知，少一个定位尺寸的线段，称为中间线段。中间线段需在其相邻一端的线段画出后，再根据连接关系，通过几何作图的方法画出。如图1-27中的 $R40\text{mm}$ 圆弧，只有一个定位尺寸 10mm，只有在 $\phi20\text{mm}$ 的圆作出后，才能通过作图确定其圆心的位置。

（3）连接线段　只有定形尺寸而没有定位尺寸的线段，称为连接线段。如图 1-27 中的 $R5\text{mm}$、$R6\text{mm}$ 均为连接线段。它们只有在与其相邻的线段作出后，才能通过几何作图的方法确定其圆心的位置。

3. 平面图形的作图步骤

平面图形的作图步骤是：首先画已知线段，其次画中间线段，最后画连接线段。

画图前应做好的准备工作有：准备好绘图工具和仪器；确定绘图比例及图纸幅面大小，画出图框和标题栏；分析图形尺寸，确定画图的先后顺序，确定图形在图纸上的布局。

平面图形的具体作图步骤如下：

1）画平面图形的作图基准线，如图 1-28a 所示。

2）画已知线段，尺寸为 54（60mm – 6mm）mm 和 8mm 的直线段以及 $\phi10\text{mm}$ 和 $\phi20\text{mm}$ 的圆，如图 1-28b 所示。

3）作中间线段，半径为 $R40\text{mm}$ 的圆弧。$R40\text{mm}$ 圆弧的一个定位尺寸是 10mm，另一个定位尺寸由 $R40\text{mm}$ 减去 $R10\text{mm}$（已知圆 $\phi20\text{mm}$ 的半径）后，通过作图得到，如图 1-28c 所示。

4）画出连接线段 $R5\text{mm}$ 和 $R6\text{mm}$ 圆弧，如图 1-28d 所示。

5）检查、加深、标注尺寸。底稿完成后，要仔细校对，修正错误，并擦去多余的作图线，再按各种图线的线宽要求进行描深。一般用 B 和 HB 铅笔描深粗实线，圆规用的铅芯应比画直线用的铅芯软一号。描深粗实线时，先描深圆或圆弧，再从图的左上方开始，顺次向下描深水平方向的粗实线，然后再顺次描深垂直方向的粗实线。最后标注尺寸，做到正确、完整、清晰，至此完成全图。

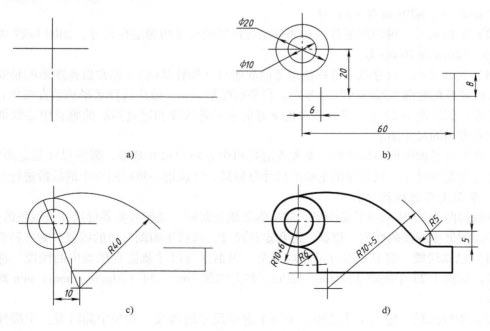

图 1-28　平面图形的作图步骤

a）画作图基准线　b）画出各已知线段　c）画出中间线段　d）画出各连接线段

第二章　正投影法及基本体的视图

【学习目标】

1. 理解正投影的基本概念和特性。
2. 熟练掌握三视图的投影规律。
3. 掌握点在三投影面体系中的投影规律。
4. 掌握各种位置直线、平面的投影特性。
5. 熟练掌握基本体的投影特征及其三视图画法。
6. 了解截交线的概念、性质，掌握作截交线的基本方法。
7. 了解相贯线的概念、性质，掌握作相贯线的基本方法。

　　用正投影法绘制的图样能准确表达物体的形状，度量性好，作图方便，在工程上得到了广泛应用。本章重点讨论三视图的投影规律和作图方法，并通过点、线、面的投影分析，初步培养空间思维能力，为本课程的学习打下扎实的基础。

第一节　正投影法的基本原理及应用

一、投影法概述

1. 投影法的概念

　　日常生活中常见物体被阳光或灯光照射后，在地面或墙上就会出现物体的影子，人们对这种自然现象进行科学的总结，逐步找出了影子和物体之间的关系。这种用投射线通过物体，向选定的投影面投射，并在该面上得到图形的方法称为投影法。如图 2-1 所示，从投射中心 S 作投射线 SA、SB、SC，其延长线与投影面 P 交于 a、b、c，$\triangle abc$ 即为空间 $\triangle ABC$ 在投影面 P 上的投影。

2. 投影法的分类

　　工程上常用的投影法分为两类：中心投影法和平行投影法。

　　（1）中心投影法　投射线汇交于一点的投影法称为中心投影法，如图 2-1 所示。在日常生活中，照相、放映电影等均为中心投影法的实例。由于中心投影法所得到的投影 $\triangle abc$ 的大小会随着投射中心 S 距离 $\triangle ABC$ 的远近而变化，所以中心投影法得到的投影不能反映物体的真实大小，在机械图样中很少采用。

　　（2）平行投影法　假设将投射中心移到无穷远处，这时的投射线可看作是相互平行的，

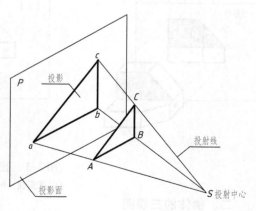

图 2-1　中心投影法

这种投射线相互平行的投影法称为平行投影法，如图 2-2 所示。根据投射线相对于投影面的角度不同，平行投影法又分为斜投影法和正投影法两种。

1）斜投影法。斜投影法的投射线倾斜于投影面，如图 2-2a 所示。由此法得到的图形称为斜投影图（斜投影）。

2）正投影法。正投影法的投射线垂直于投影面，如图 2-2b 所示。由此法得到的图形称为正投影图（正投影）。

正投影图能真实地表达物体的形状和大小，且度量性好、作图方便，因此在工程上得到了广泛应用。机械图样主要是用正投影法绘制的。

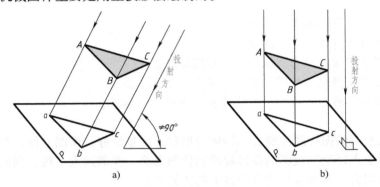

图 2-2　平行投影法
a）斜投影法　b）正投影法

3. 正投影法的基本性质

（1）真实性　当平面或直线与投影面平行时，平面的投影反映实形，直线的投影反映实长，这种性质称为真实性，如图 2-3a 所示。

（2）积聚性　当平面或直线与投影面垂直时，平面的投影积聚为一条直线，直线的投影积聚为一个点，这种性质称为积聚性，如图 2-3b 所示。

（3）类似性　当平面或直线与投影面倾斜时，平面投影小于实形，直线投影小于实长，但投影的形状仍与原来的形状类似，这种性质称为类似性，如图 2-3c 所示。

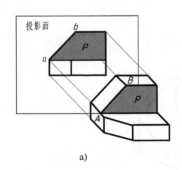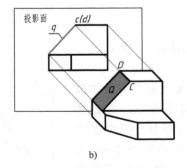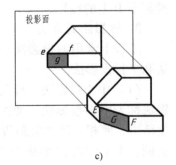

a)　　　　　　　　　　　　b)　　　　　　　　　　　　c)

图 2-3　正投影法的基本性质
a）真实性　b）积聚性　c）类似性

二、物体的三视图

根据有关标准和规定，用正投影法绘制的物体图形称为视图。如图 2-4 所示，设有一直立的投影面，在其前方放置一垫块，并使垫块的前面与投影面平行，然后用一束互相平行的

光线向投影面垂直投射，在投影面上得到的
图形就称为垫块的正投影图（视图）。

一般情况下，一个视图不能确定物体的
唯一形状。如图 2-5 所示，三个形状不同的
物体，它们在 *P* 面上的投影却相同。因此，
要反映物体的确切形状，通常采用两个或多
个视图。

1. 三投影面体系的建立

三投影面体系由三个互相垂直的投影面
组成，如图 2-6 所示，其三个投影面分别为：
正立投影面，简称正面，用 *V* 表示；水平投
影面，简称水平面，用 *H* 表示；侧立投影面，
简称侧面，用 *W* 表示。

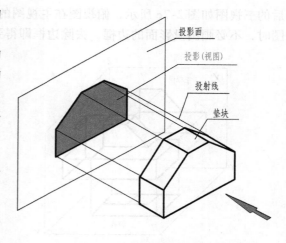

图 2-4　垫块视图

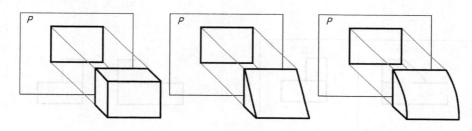

图 2-5　一个视图不能确定物体形状

相互垂直的投影面之间的交线，称为投影轴。三投
影轴交于一点 *O*，称为原点。三投影轴分别是：*OX* 轴，
是 *V* 面与 *H* 面的交线，它表示物体的长度方向；*OY* 轴，
是 *H* 面与 *W* 面的交线，它表示物体的宽度方向；*OZ* 轴，
是 *V* 面与 *W* 面的交线，它表示物体的高度方向。

2. 三视图的形成

将物体放置在三投影面体系中，用正投影法向各投
影面投射，即可分别得到物体的三视图，如图 2-7a 所
示。三视图的名称如下：

（1）主视图　物体的正面（*V*）投影，是由前向后
投射所得的视图。

（2）俯视图　物体的水平（*H*）投影，是由上向下
投射所得的视图。

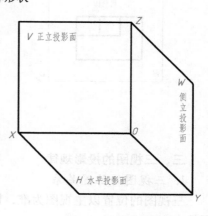

图 2-6　三投影面体系

（3）左视图　物体的侧面（*W*）投影，是由左向右投射所得的视图。

3. 三投影面体系的展开

物体在三投影面体系中分别向三投影面投射得到三个视图后，为了便于画图，即将三个
视图画在一张图纸上，需将三个投影面展开成为一个平面。三投影面展开时，规定正面不
动，将水平面绕 *OX* 轴向下旋转 90°，将侧面绕 *OZ* 轴向右旋转 90°，如图 2-7b 所示。展开

后的三视图如图2-7c所示，俯视图在主视图的正下方，左视图在主视图的正右方。画三视图时，不必画出投影面的边框，去除边框即得到物体的三视图，如图2-7d所示。

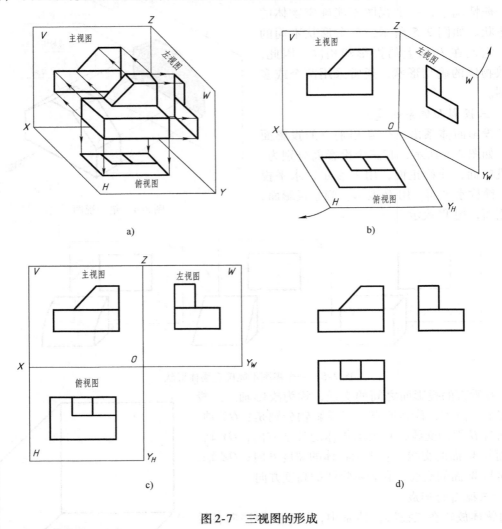

图 2-7　三视图的形成

三、三视图的投影规律

1. 三视图的位置关系

三视图的位置以主视图为准，即正面为主视图，俯视图在主视图的下方，左视图在主视图的右方。

2. 三视图的尺寸关系

物体有长、宽、高三个方向的尺寸。通常规定，物体左右之间的距离为长度，前后之间的距离为宽度，上下之间的距离为高度。由图2-8b可看出：主视图反映物体的长度和高度；俯视图反映物体的长度和宽度；左视图反映物体的高度和宽度。即主视图和俯视图的长度相等；主视图和左视图的高度相等；俯视图和左视图的宽度相等。由此归纳得出，三视图的投影规律为：**主、俯视图长对正；主、左视图高平齐；俯、左视图宽相等**。简称"长对正、高平齐、宽相等"。这个投影规律不仅适用于三视图的整体，同样适用于三视图的局部结构，如图2-8c所示，因此，它是画图和读图的重要依据。

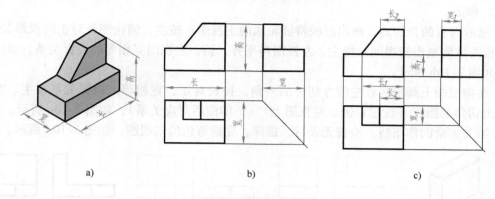

图2-8 三视图的尺寸关系

3. 三视图与物体的方位关系

所谓方位，是指以画图者面对正面来观察物体为准，看物体的上、下、左、右、前、后六个方位，如图2-9a所示；六个方位与三视图的对应关系如图2-9b所示。由图可知：

主视图反映物体的上、下和左、右的相对位置；

俯视图反映物体的前、后和左、右的相对位置；

左视图反映物体的上、下和前、后的相对位置。

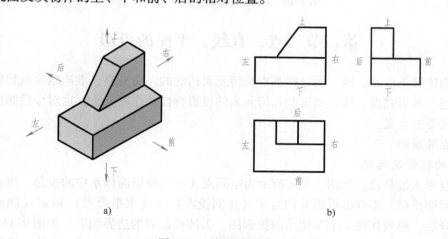

图2-9 三视图的方位关系

由图2-9b还可看出，俯、左视图靠近主视图的一边，均表示物体的后面；远离主视图的一边，均表示物体的前面。因此，在俯、左视图上量取尺寸时，不但要注意量取的起点，还要注意量取的方向。

4. 三视图的作图方法和步骤

根据物体（或轴测图）画三视图时，首先分析其结构形状，摆正物体，使其主要表面与投影面平行，选好主视图的投射方向，再确定绘图比例和图幅。

[例2-1] 根据弯板的立体图画三视图。

（1）分析物体结构形状 如图2-10a所示物体是左前方切角的直角弯板，为了便于作图，应使物体的主要表面尽可能与投影面平行。画三视图时，应先画反映物体形状特征的视图，然后再按投影规律画出其他视图。

（2）作图

1）量取弯板的长和高，画出反映特征轮廓的主视图；按主、俯视图长对正的投影关系，量取弯板的宽度画出俯视图；按主、左视图高平齐，俯、左视图宽相等的投影关系，画出左视图，如图 2-10b 所示。

2）在俯视图上画出底板左前方切去的一角，按长对正、宽相等的投影关系在主、左视图上画出切角的图线（注意：俯、左视图上"y"的前后对应关系），如图 2-10c 所示。

3）擦去多余的作图线，检查无误后，描深，完成弯板的三视图，如图 2-10d 所示。

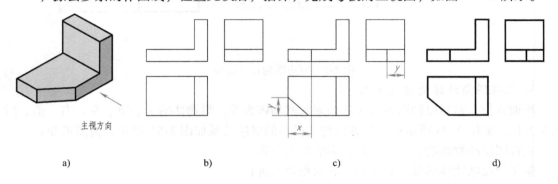

图 2-10　弯板的三视图的作图方法

第二节　点、直线、平面的投影

任何物体都是由点、线、面这些基本几何元素构成的，要完整、准确地绘制物体的三视图，还需进一步研究点、线、面这些几何元素的投影特性和作图方法，这对今后画图和读图具有十分重要的意义。

一、点的投影

1. 点的投影及标记

点的投影永远是点。如图 2-11a 所示为空间点 A 在三投影面体系中的投影。将点 A 分别向三个投影面投射，得到的投影分别为 a'（正面投影）、a（水平投影）和 a''（侧面投影）。投影面展开后，得到如图 2-11b 所示的投影图，去掉投影面的边界线后，如图 2-11c 所示。

空间点和投影点标记的规定：空间点用大写字母表示，例如 A、B、C 等；投影点用小写字母表示，具体标记形式为：

正面投影标记为 a'、b'、c' 等；

水平投影标记为 a、b、c 等；

侧面投影标记为 a''、b''、c'' 等。

2. 点的投影规律

由图 2-11c 点的投影图可看出，$a'a \perp OX$、$a'a'' \perp OZ$、$aa_x = a''a_z$，因此可得出点的投影规律为：

1）点的 V 面投影和 H 面投影的连线垂直于 OX 轴。

2）点的 V 面投影和 W 面投影的连线垂直于 OZ 轴。

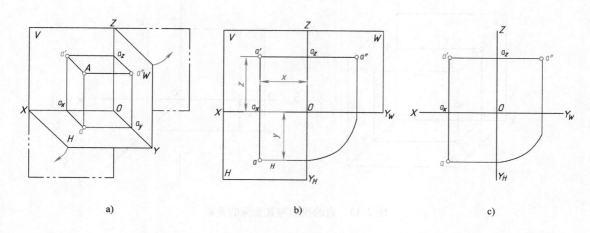

a)　　　　　　　　　　　　　b)　　　　　　　　　　　　　c)

图 2-11　点的投影

3）点的 H 面投影到 OX 轴的距离等于其 W 面投影到 OZ 轴的距离。

根据点的投影规律，已知点的两面投影，可求出第三面投影。

[**例 2-2**]　已知点 A 的 V 面投影 a' 和 W 面投影 a''，求作 H 面投影 a，如图 2-12a 所示。

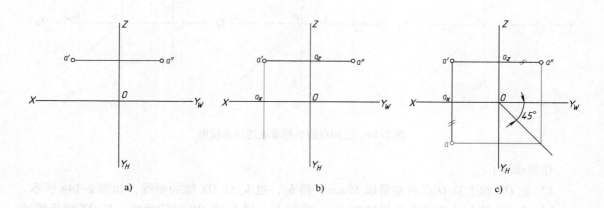

a)　　　　　　　　　　　　　b)　　　　　　　　　　　　　c)

图 2-12　已知点的两面投影求第三面投影

作图步骤如下：

1）过 a' 作 OX 垂线并延长，如图 2-12b 所示。

2）量取 $a''a_z = a_x a$，可求得 a。也可如图 2-12c 所示，利用 45°线作图。

3. 点的投影与直角坐标的关系

在三投影面体系中，点的位置可由点到三个投影面的距离来确定。如果将三个投影面作为三个坐标面，投影轴作为坐标轴，则点的投影和点的坐标关系如下（见图 2-13）：

点 A 到 W 面的距离 $X_A = a'a_z = a\,a_y = a_x O = X$ 坐标；

点 A 到 V 面的距离 $Y_A = a''a_z = a\,a_x = a_y O = Y$ 坐标；

点 A 到 H 面的距离 $Z_A = a'a_x = a''a_y = a_z O = Z$ 坐标。

用直角坐标表示空间点，可以写成 $A(x, y, z)$ 的形式。

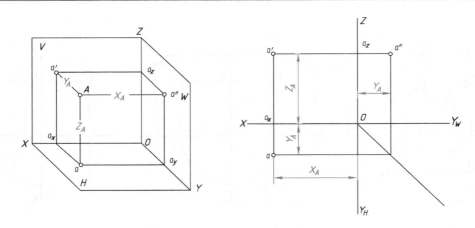

图 2-13　点的投影与其坐标的关系

[例 2-3]　已知空间点 B（15，10，20），求 B 点的三面投影（见图 2-14）。

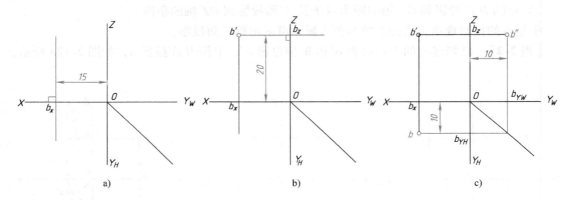

图 2-14　已知点的坐标求点的三面投影

作图步骤：

1）在 OX 轴上从 O 点向左量取 15mm，得 b_x，过 b_x 作 OX 轴的垂线，如图 2-14a 所示。

2）在 OZ 轴上从 O 点向上量取 20mm，定出 b_z，过 b_z 作 OZ 轴的垂线，与 OX 轴垂线的交点即为 b'，如图 2-14b 所示。

3）在 $b'b_x$ 的延长线上，从 b_x 向下量取 10mm 得 b；在 $b'b_z$ 的延长线上，从 b_z 向右量取 10mm 得 b''。b、b'、b'' 即为 B 点的三面投影，如图 2-14c 所示。

4. 两点的相对位置

两点的相对位置是指空间两个点的上下、左右、前后位置关系。在投影图中，是以它们的坐标差来确定的。V 面投影反映上下、左右关系；H 面投影反映左右、前后关系；W 面投影反映上下、前后关系。

设 A、B 为两个空间点，如图 2-15a 所示。由图可看出：

1）X 坐标越大，空间点越靠左；X 坐标越小，空间点越靠右；

2）Y 坐标越大，空间点越靠前；Y 坐标越小，空间点越靠后；

3）Z 坐标越大，空间点越靠上；Z 坐标越小，空间点越靠下。

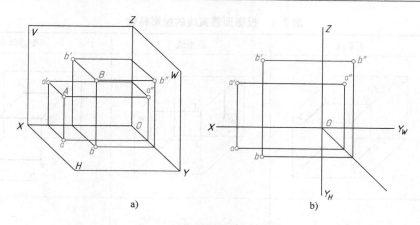

a)　　　　　　　　　　　b)

图 2-15　两点的相对位置

所以 A 点在 B 点的左面 ($X_A > X_B$)，A 点在 B 点的后面 ($Y_A < Y_B$)，A 点在 B 点的下面 ($Z_A < Z_B$)

如图 2-16 所示，如果 A 点和 B 点的 X、Y 坐标相同，只是 A 点的 Z 坐标小于 B 点的 Z 坐标，则 A、B 两点的 H 面投影 a 和 b 重合在一起，称为 H 面的重影点。标注重影点时，将坐标小的点加括号，如 A 点的 Z 坐标小，其水平投影为不可见，用 (a) 表示。

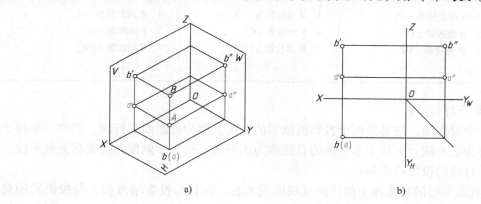

a)　　　　　　　　　　　b)

图 2-16　重影点

二、直线的投影

空间直线与投影面的相对位置有三种：投影面垂直线、投影面平行线和一般位置直线。其中前两种直线称为特殊位置直线。

1. 投影面垂直线

垂直于一个投影面，与另外两个投影面平行的直线，称为投影面垂直线。其中，垂直于水平面的直线称为铅垂线；垂直于正面的直线称为正垂线；垂直于侧面的直线称为侧垂线。

投影面垂直线的投影特征是：

1）在所垂直的投影面上的投影积聚为一点。

2）在另外两个投影面上的投影分别垂直于相应的投影轴，且反映实长，见表 2-1。

所以，投影面垂直线的三个投影为"一点两线"。

表 2-1　投影面垂直线的投影特性

名称	正垂线	铅垂线	侧垂线
立体图			
投影图			
投影特性	1. V 面投影为一点 2. H 面投影 $\perp OX$ 3. W 面投影 $\perp OZ$ 4. $cd = c''d'' =$ 实长	1. H 面投影为一点 2. V 面投影 $\perp OX$ 3. W 面投影 $\perp OY_W$ 4. $a'b' = a''b'' =$ 实长	1. W 面投影为一点 2. V 面投影 $\perp OZ$ 3. H 面投影 $\perp OY_H$ 4. $e'f' = ef =$ 实长

2. 投影面平行线

平行于一个投影面，与另外两个投影面倾斜的直线，称为投影面平行线。其中，平行于正面的直线称为正平线；平行于水平面的直线称为水平线；平行于侧面的直线称为侧平线。

投影面平行线的投影特征是：

1) 在与直线平行的投影面上的投影反映线段实长，而且与投影轴倾斜，与投影轴的夹角等于直线对另外两个投影面的实际倾角。

2) 在另外两个投影面上的投影都短于线段实长，且分别平行于相应的投影轴，见表2-2，其直线对投影面的倾角 α、β、γ 分别表示直线对 H、V、W 面的倾角。

所以，投影面平行线的三个投影为"两平一斜线"。

表 2-2　投影面平行线的投影特性

名称	正平线	水平线	侧平线
立体图			

（续）

名称	正平线	水平线	侧平线
投影图			
投影特性	1. $c'd'$ = 实长 2. $cd /\!/ OX$ 3. $c''d'' /\!/ OZ$	1. ab = 实长 2. $a'b' /\!/ OX$ 3. $a''b'' /\!/ OY_W$	1. $e''f''$ = 实长 2. $e'f' /\!/ OZ$ 3. $ef /\!/ OY_H$

3. 一般位置直线

既不平行也不垂直于任何一个投影面，即与三个投影面都处于倾斜位置的直线，称为一般位置直线，如图 2-17 所示，其投影特征如下：

1）三个投影均不反映实长。

2）三个投影均对投影轴倾斜，且三个投影与投影轴的夹角不反映空间直线对投影面的倾角。

所以，一般位置直线的三个投影为"三斜线"。

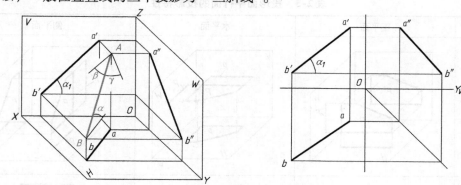

图 2-17　一般位置直线的投影

［例2-4］　判断三棱锥各棱线、底边与投影面的相对位置，如图 2-18 所示。

1）SA 直线的三面投影为"三斜线"，SA 直线是一般位置直线，如图 2-18a 所示。

2）AB 直线的三面投影为"两平一斜线"，且水平投影 ab 为斜线，因此 AB 是水平线，如图 2-18b 所示。

3）AC 直线的三面投影为"一点两线"，且侧面投影为一点，因此 AC 是侧垂线，如图 2-18c 所示。

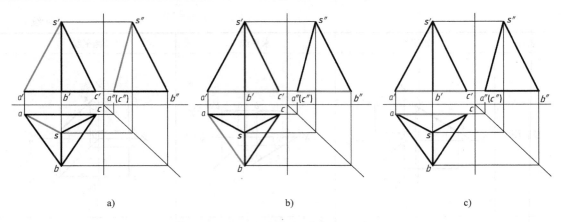

a)　　　　　　　　　　　b)　　　　　　　　　　　c)

图 2-18　判断直线与投影面的相对位置

三、平面的投影

平面对投影面的相对位置有三种：投影面平行面、投影面垂直面和一般位置平面。

1. 投影面平行面

平行于一个投影面，垂直于另外两个投影面的平面称为投影面平行面。其中，平行于正面的平面称为正平面；平行于水平面的平面称为水平面；平行于侧面的平面称为侧平面。

投影面平行面的投影特征是：

1）在与平面平行的投影面上的投影反映实形。

2）在其他两个投影面上的投影为水平线段或铅垂线段，都具有积聚性，见表 2-3。

所以，投影面平行面的三个投影为"一框两线"。

表 2-3　投影面平行面的投影特性

名称	正平面	水平面	侧平面
立体图			
投影图			
投影特性	1. p' 为实形 2. $p // OX$ 3. $p'' // OZ$	1. p 为实形 2. $p' // OX$ 3. $p'' // OY_W$	1. p'' 为实形 2. $p' // OZ$ 3. $p // OY_H$

2. 投影面垂直面

垂直于一个投影面而倾斜于另外两个投影面的平面称为投影面垂直面。其中，垂直于正面的平面称为正垂面；垂直于水平面的平面称为铅垂面；垂直于侧面的平面称为侧垂面。

投影面垂直面的投影特征是：

1）在所垂直的投影面上的投影为一斜直线，有积聚性，且反映与另两投影面的倾角。

2）在其他两个投影面上的投影都是缩小的类似形，见表2-4。

所以，投影面垂直面的三个投影为"一线两框"。

表2-4　投影面垂直面的投影特性

名称	正垂面	铅垂面	侧垂面
立体图	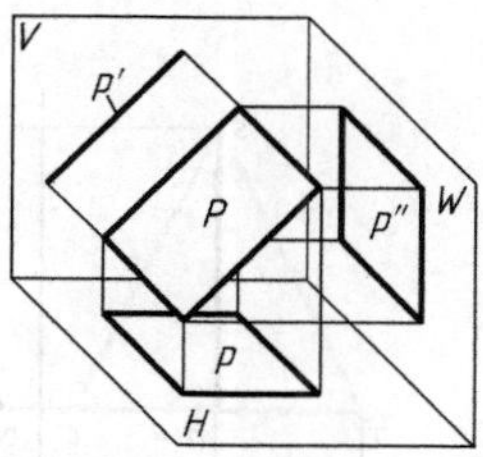	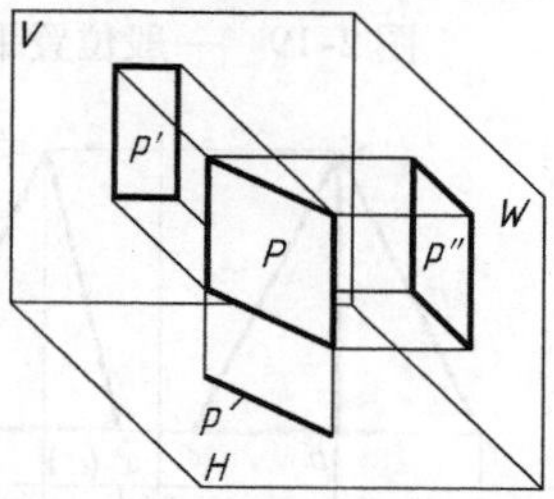	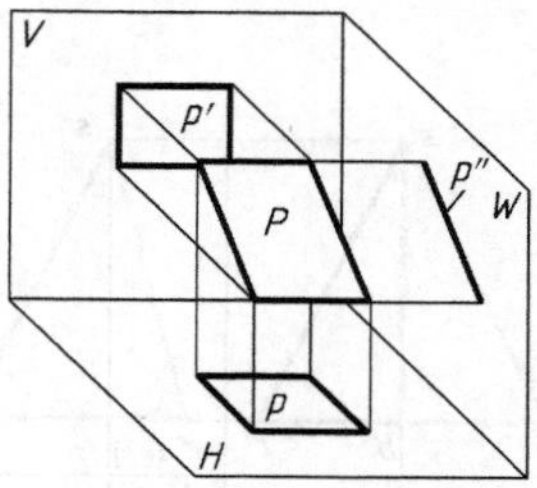
投影图	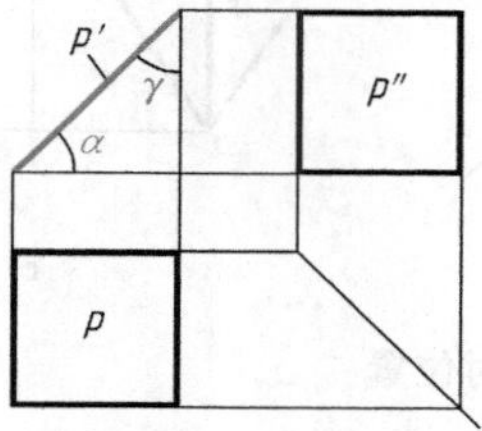	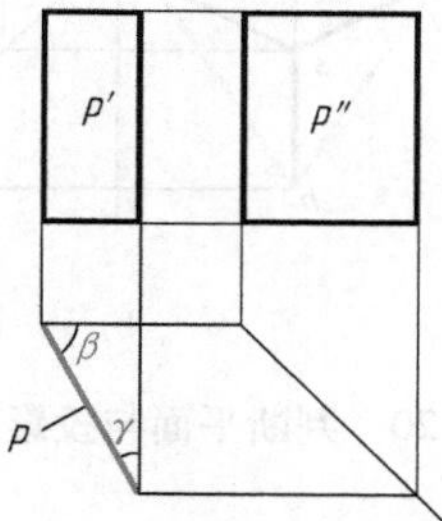	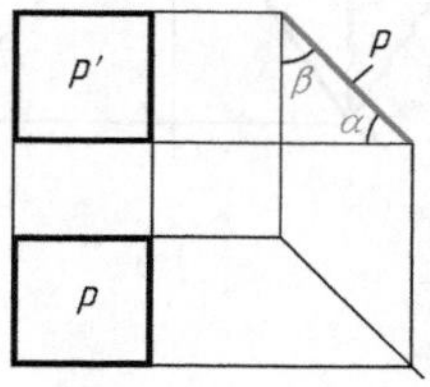
投影特性	1. 正面投影积聚成一条与投影轴倾斜的直线 2. 另两投影是平面 P 的类似图形	1. 水平投影积聚成一条与投影轴倾斜的直线 2. 另两投影是平面 P 的类似图形	1. 侧面投影积聚成一条与投影轴倾斜的直线 2. 另两投影是平面 P 的类似图形

3. 一般位置平面

与三个投影面都倾斜的平面称为一般位置平面，如图2-19所示，$\triangle ABC$ 与 V、H、W 面都倾斜，所以在三个投影面上的投影为"三线框"。其投影特征是：三个投影均为缩小的类似形。

[例2-5]　利用各种位置平面的投影特征，判断三棱锥各表面与投影面的相对位置，如图2-20所示。

1）棱面 $\triangle SAB$ 的三个投影为"三线框"，可判断棱面 $\triangle SAB$ 是一般位置平面，如图2-20a所示。

2）底面 $\triangle ABC$ 的三面投影为"两线一框"，且水平投影为"框"，可判断 $\triangle ABC$ 是水平面，如图2-20b所示。

3）棱面 $\triangle SAC$ 三个投影为"一线两框"，且侧面投影为"一斜线"，可判断棱面 $\triangle SAC$ 是侧垂面，如图2-20c所示。

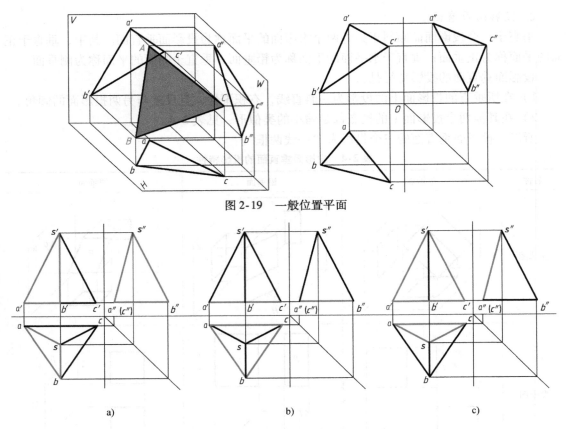

图 2-19　一般位置平面

图 2-20　判断平面与投影面的相对位置

a)　　　　　　　　　　b)　　　　　　　　　　c)

第三节　基本体的投影及尺寸标注

任何物体均可以看成是由若干基本体组合而成的，常见的基本体如图 2-21 所示。基本

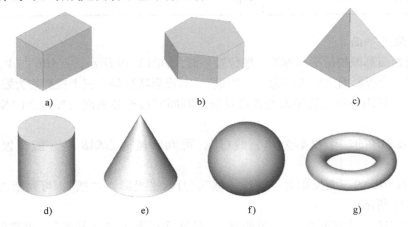

图 2-21　常见的基本体

a）长方体　b）棱柱　c）棱锥　d）圆柱　e）圆锥　f）球体　g）圆环

体按其表面性质的不同，可分为平面立体和曲面立体两类。平面立体的每个表面都是平面，如棱柱、棱锥；曲面立体至少有一个表面是曲面，如圆柱、圆锥、圆球和圆环等。下面分别讨论几种常见基本体的三视图的画法及其尺寸标注。

一、基本体三视图的画法

1. 平面立体的三视图画法

（1）棱柱　棱柱的棱线互相平行。常见的棱柱有三棱柱、四棱柱、五棱柱和六棱柱等。下面以图 2-22a 所示的正六棱柱为例，分析其投影特征和作图方法。

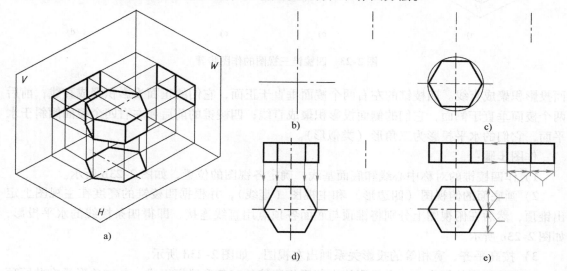

图 2-22　正六棱柱三视图的作图步骤

分析：如图 2-22a 所示，正六棱柱的顶面和底面是互相平行的正六边形，六个棱面均为矩形，各棱面与底面垂直。为作图方便，选择正六棱柱的顶面和底面平行于水平面，并使前后两个棱面平行于正面。

正六棱柱的三面投影：顶面和底面的水平投影重合，并反映实形——正六边形，它们的正面和侧面投影均积聚成直线。六个棱面的水平投影分别积聚为六边形的六条边。由于前后两个棱面平行于正面，所以其正面投影反映实形，侧面投影积聚成直线。其余棱面不平行于正面和侧面，它们的正面和侧面投影为矩形（类似形），且小于实形。

作图步骤：

1）作正六棱柱的对称中心线和底面基准线，确定各视图的位置，如图 2-22b 所示。

2）画具有投影特征的视图——俯视图上的正六边形，如图 2-22c 所示。按长对正的投影关系和正六棱柱的高度画出主视图，如图 2-22d 所示。

3）按高平齐和宽相等的投影关系画出左视图，如图 2-22e 所示。

棱柱的投影特征为：一个投影是与其底面全等的多边形，其余两个投影由数个相邻接的矩形线框组成。

（2）棱锥　棱锥的底面为多边形，棱线交于一点。常见的棱锥有三棱锥、四棱锥和五棱锥等。下面以图 2-23a 所示的四棱锥为例，分析其投影特征和作图方法。

分析：如图 2-23a 所示，四棱锥底面平行于水平面，其水平投影反映实形，其正面和侧

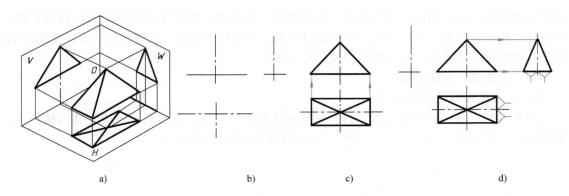

a)　　　　　　　　　　b)　　　　　　　　　c)　　　　　　　　　d)

图 2-23　四棱锥三视图的作图步骤

面投影积聚成直线。四棱锥的左右两个棱面垂直于正面，它们的正面投影积聚成直线；前后两个棱面垂直于侧面，它们的侧面投影积聚成直线；四棱锥的前后和左右四个棱面倾斜于水平面，它们的水平投影为三角形（类似形）。

作图步骤：

1）作四棱锥的对称中心线和底面基线，确定各视图的位置，如图 2-23b 所示。

2）画底面的俯视图（四边形）和主视图（直线），并根据四棱锥的高度在主视图上定出锥顶，然后在俯视图上分别将锥顶与底面各顶点用直线连接，即得四条棱线的水平投影，如图 2-23c 所示。

3）按高平齐、宽相等的投影关系画出左视图，如图 2-23d 所示。

棱锥的投影特征为：三个投影均由若干相连接的三角形线框组成，各三角形具有共同顶点（锥顶），其中有一个投影的外形轮廓是与底面全等的多边形，另外两投影的轮廓为类似三角形。

2. 曲面立体的三视图画法

（1）圆柱　圆柱体由圆柱面与上、下两端面围成。圆柱面可看作由一条直母线绕与其平行的轴线回转而成。圆柱面上任意一条平行于轴线的直线，称为圆柱面的素线，如图 2-24a 所示。

分析：如图 2-24 所示为圆柱体的投影图和三视图。由于圆柱轴线垂直于水平面，圆柱上、下端面的水平投影反映实形，正、侧面投影积聚成直线。圆柱面的水平投影积聚为圆，与两端面的水平投影重合。在正面投影中，前、后两半圆柱面的投影重合为一矩形，矩形的两条竖线分别是圆柱面最左、最右素线的投影，也是前后分界的转向轮廓线。在侧面投影中，左、右两半圆柱面的投影为矩形，矩形的两条竖线分别是圆柱面最前、最后素线的投影，也是左右分界的转向轮廓线。

作图步骤：

1）先画圆的中心线和圆柱轴线的各投影。

2）画投影为圆的俯视图。

3）根据其高度尺寸和投影规律画主视图和左视图。

圆柱的投影特征为：一个投影为圆，另外两投影为全等矩形。

（2）圆锥　圆锥由圆锥面和底面围成。圆锥面可看作是由一条直母线绕与它相交的轴

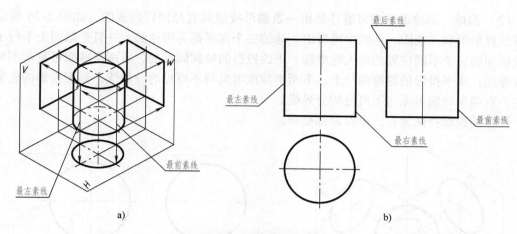

图 2-24　圆柱的投影图和三视图

线回转而成的，如图 2-25a 所示。

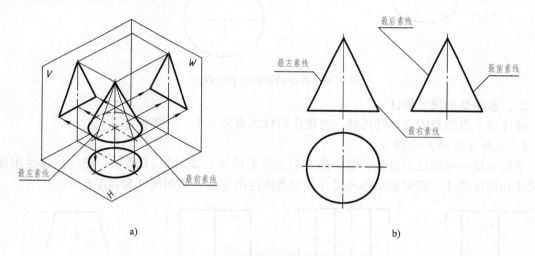

图 2-25　圆锥的投影图和三视图

　　分析：如图 2-25 所示为轴线垂直于水平面的圆锥的投影图和三视图。锥底平行于水平面，水平投影反映实形，正面和侧面投影积聚成直线。圆锥面的三个投影都没有积聚性。水平投影与底面的投影重合，全部可见；正面投影由前、后两个半圆锥面的投影重合为一等腰三角形，三角形的两腰分别是圆锥最左、最右素线的投影，也是前后分界的转向轮廓线；侧面投影由左、右两半圆锥面的投影重合为一等腰三角形，三角形的两腰分别是最前、最后素线的投影，也是左右分界的转向轮廓线。

　　作图步骤：

　　1）先画圆的中心线和圆锥轴线的各投影。

　　2）画投影为圆的俯视图。

　　3）根据其高度尺寸和投影规律画主视图和左视图。

　　圆锥的投影特征为：一个投影为圆，另外两投影为全等的等腰三角形。

（3）圆球　圆球的表面可看作是由一条圆母线绕其直径回转而成的。如图 2-26 所示为圆球的投影图和三视图，从图中可看出，球的三个视图都为等径圆，并且是球面上平行于相应投影面的三个不同位置的最大轮廓圆。正面投影的轮廓圆是前、后两半球面可见与不可见的分界线；水平投影的轮廓圆是上、下两半球面可见与不可见的分界线；侧面投影的轮廓圆是左、右两半球面可见与不可见的分界线。

圆球的投影特征为：三个投影都是圆。

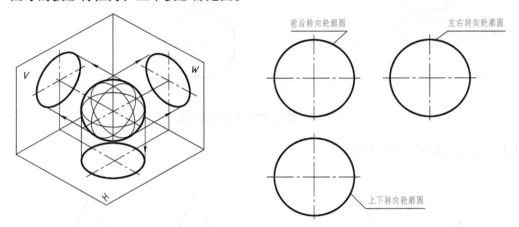

图 2-26　圆球的投影图和三视图

二、基本体的尺寸标注

物体的三视图只能表达其形状，要确定物体的真实大小，还要标注其尺寸。

1. 平面立体的尺寸标注

平面立体一般应注出其长、宽、高三个方向的尺寸。如图 2-27 所示，棱柱体应注出底面尺寸和高度尺寸，括号表示参考尺寸；棱台应注出顶面、底面尺寸和高度尺寸。

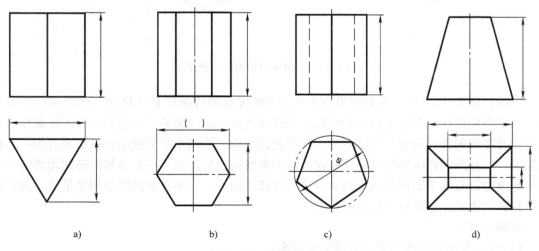

图 2-27　平面立体的尺寸标注

2. 曲面立体的尺寸标注

如图 2-28 所示是各种曲面立体的尺寸标注。其中，圆柱、圆锥应标注底圆直径和高度尺寸；圆台还应加注顶圆的直径；圆球只需注出球面的直径，并在直径尺寸数字前加"$S\phi$"；如是半圆球，则在半径尺寸数字前加注"SR"。

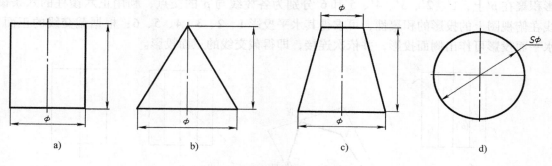

图 2-28 曲面立体的尺寸标注

第四节 截交线与相贯线的画法

在某些零件上，常可见到平面与立体、立体与立体相交而产生的表面交线，这些表面交线即为截交线或相贯线，如图 2-29 所示。

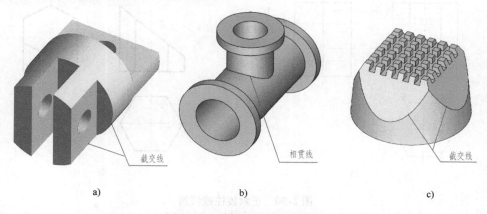

图 2-29 零件的表面交线实例
a）接头 b）三通管 c）千斤顶顶盖

一、截交线

用平面切割立体，则平面与立体的表面交线称为截交线，该平面称为截平面。如图2-29所示的接头和千斤顶顶盖，它们的表面都有被平面切割而形成的截交线。

截交线的形状虽有多种，但均具有以下两个特性：

1）截交线一般是由直线或曲线或直线和曲线围成的封闭的平面图形。

2）截交线是截平面与立体表面的共有线，截交线上的点均为截平面与立体表面的共有点。

1. 平面立体的截交线

[例2-6] 正六棱柱被正垂面 P 切割，求作其三面投影图。

分析：如图 2-30a 所示，正六棱柱被正垂面 P 切割，截平面 P 与正六棱柱的六条棱线都相交，截交线是一个六边形。六边形的顶点为各棱线与平面 P 的交点。截交线的正面投影积聚在 p' 上，$1'$、$2'$、$3'$、$4'$、$5'$ 和 $6'$ 分别为各棱线与 p' 的交点，利用正六棱柱的六条棱线在俯视图上的投影的积聚性，可求得其水平投影 1、2、3、4、5、6；根据截交线的正面、水平面投影可作出侧面投影，并依次连接，即得截交线的三面投影。

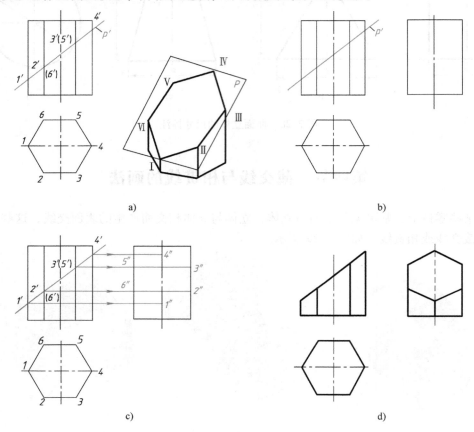

图 2-30　正六棱柱被切割

作图步骤：

1）画出被切割前正六棱柱的三视图，如图 2-30b 所示。

2）根据截交线六边形各顶点的正面、水平面投影，作出截交线的侧面投影 $1''$、$2''$、$3''$、$4''$、$5''$、$6''$，如图 2-30c 所示。

3）连接 $1''$、$2''$、$3''$、$4''$、$5''$ 和 $6''$，补画遗漏的线，擦去多余作图线（注意：正六棱柱上最右棱线的侧面投影为不可见，左视图上不要漏画这一段虚线），描深，如图 2-30d 所示。

[例2-7]　正四棱锥被正垂面 P 切割，求作其三面投影图。

分析：如图 2-31a 所示，正四棱锥被正垂面切割，截交线是一个四边形，四边形的顶点是四条棱线与截平面 P 的交点。由于正垂面的正面投影具有积聚性，所以截交线的正面投影积聚在 p' 上，$1'$、$2'$、$3'$ 和 $4'$ 分别为四条棱线与 p' 的交点。

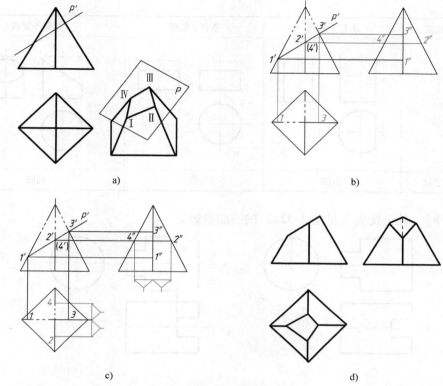

图 2-31　正四棱锥被切割

作图步骤：

1）画出被切割前正四棱锥的三视图，根据截交线的正面投影作水平投影和侧面投影。截交线的侧面投影可直接由正面投影按高平齐的投影关系作出，水平投影 1、3 可由正面投影按长对正的投影关系直接作出，如图 2-31b 所示。

2）水平投影 2、4 由侧面投影 2″、4″按俯、左视图宽相等的投影关系作出，如图 2-31c 所示。

3）在俯视图及左视图上顺序连接各交点的投影，擦去多余的图线并描深（注意不要漏画左视图上的虚线），如图 2-31d 所示。

2. 曲面立体的截交线

（1）圆柱的截交线　根据截平面与圆柱轴线的不同位置，其截交线有三种不同的形状，见表 2-5。

表 2-5　平面与圆柱的截交线

截平面的位置	平行于轴线	垂直于轴线	倾斜于轴线
立体图			

（续）

截平面的位置	平行于轴线	垂直于轴线	倾斜于轴线
三视图	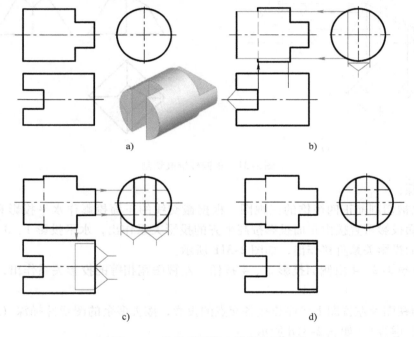		
截交线的形状	矩形	圆	椭圆

[**例 2-8**]　补全接头（见图 2-32a）的三面投影。

图 2-32　接头表面截交线的作图步骤

分析：接头是一个圆柱体左端开槽（中间被两个正平面和一个侧平面切割），右端切肩（上、下被水平面和侧平面对称地切去两块）而形成的，所产生的截交线为直线和平行于侧面的圆弧。

作图步骤：

1）根据俯视图槽口的宽度作出槽口的侧面投影（两条竖线），再按投影关系作出槽口的正面投影，如图 2-32b 所示。

2）根据主视图切肩的厚度作出切肩的侧面投影（两条虚线），再按投影关系作出切肩的水平投影，如图 2-32c 所示。

3）擦去多余的图线，描深。如图 2-32d 所示为完整的接头三视图。

（2）圆锥的截交线　　根据截平面与圆锥轴线的不同位置，其截交线有五种不同的形状，见表2-6。

表2-6　平面与圆锥的截交线

类别	立 体 图	投 影 图	截平面的位置	截交线的形状
1			垂直于轴线	圆
2			倾斜于轴线，$\alpha < \theta$	椭圆
3			平行于一条素线，$\alpha = \theta$	抛物线加直线
4			平行于轴线，$\alpha = 90°$	双曲线加直线

（续）

类别	立 体 图	投 影 图	截平面的位置	截交线的形状
5			过顶点	三角形

[**例2-9**]　作出圆锥被正平面切割的正面与侧面投影，如图2-33所示。

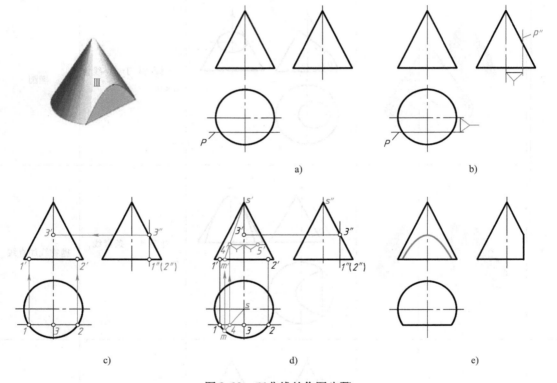

a)　　　　　　　　　　　　　　　b)

c)　　　　　　　　d)　　　　　　　　e)

图 2-33　双曲线的作图步骤

分析：截平面 P 为平行于圆锥轴线的正平面，截交线的正面投影为双曲线。画双曲线的投影与圆柱被平面斜切所得椭圆的投影画法原理是一样的，即找出曲线上几个特殊点的投影，再用光滑的曲线连接。

作图步骤：

1）按主俯视图宽相等作出截平面 P 的侧面投影 p''，如图2-33b 所示。

2）最高点Ⅲ是圆锥最前素线与 P 面的交点，可利用积聚性直接定出侧面投影 $3''$和水平投影 3，再由 3″和 3 求出 3′；最低点 I、Ⅱ是圆锥底面与 P 面的交点，可直接定出 1、2 和 1″、2″，再求出 1′、2′，如图 2-33c 所示。

3）过圆锥顶点 s′作辅助线 s′m′，求出水平投影 sm、4、4′及对称点 5′，如图 2-33d 所示。

4）用光滑曲线连接 1′、4′、3′、5′、2′，得双曲线的正面投影，擦去多余图线并描深，完成作图。

（3）圆球的截交线　平面切割圆球时，其截交线总是圆，一般情况下，应将截平面平行于某一投影面来切割圆球，以便能反映截交线的投影实形。截平面到球心的距离不同，截交线圆的直径也不同。如图 2-34 所示为圆球截交线投影的作图方法。

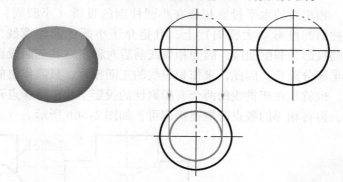

图 2-34　水平面切割圆球

[例 2-10]　补全半圆球切槽后的两面投影，如图 2-35a 所示。

分析：当圆球被两个或两个以上的截平面切割为不同形状的切口时，各截平面与球面形成的截交线是不完整的圆，截交线的范围由截平面与球的相对位置来确定。

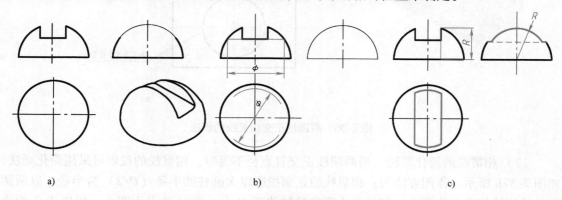

a)　　　　　　　　　　b)　　　　　　　　　　c)

图 2-35　半圆球切槽的作图步骤

作图步骤：

1）根据开槽半球的已知条件，以主视图槽底面的直径 φ 画出俯视图中的前后两段圆弧，如图 2-35b 所示。

2）根据主视图凹槽两侧面的半径 R 画出左视图中左右两段重合的圆弧，并画出凹槽两侧面的水平投影和槽底的侧面投影，如图 2-35c 所示（注意：左视图上虚线两端的粗实线是槽底面上两段圆弧的投影）。

二、相贯线的画法

两个基本体相交产生的表面交线称为相贯线，如图 2-29b 所示的三通管接头，就是一个物体相贯的实例。相贯线具有以下两个基本特性：

1）相贯线一般为封闭的空间曲线，特殊情况下可能是平面曲线或直线。

2）相贯线是两立体表面的共有线，相贯线上的点是两立体表面的共有点。

1. 圆柱与圆柱的相贯线

（1）两圆柱正交相贯线的画法　两个直径不等的圆柱体相贯，其轴线垂直相交时的立体图和三视图如图 2-36 所示。图中两个圆柱的轴线互相垂直相交，因相贯线是两个圆柱表面的共有线，所以，相贯线的水平投影积聚在小圆柱面的投影（小圆周）上；相贯线的侧面投影积聚在大圆柱面的投影（大圆周）上，且是介于小圆柱两轮廓线之间的一段圆弧。相贯线在主视图上的投影为非圆曲线，因为相贯线前后对称，在其正面投影中，可见的前半部分与不可见的后半部分重合。因此，求作相贯线的正面投影，只需作出前面一半。可用表面取点的方法求得，也就是在相贯线的两个有积聚性的投影上找出特殊点和若干中间点，求出各点的正面投影，再将相邻的各点圆滑连接即可，如图 2-36b 所示。

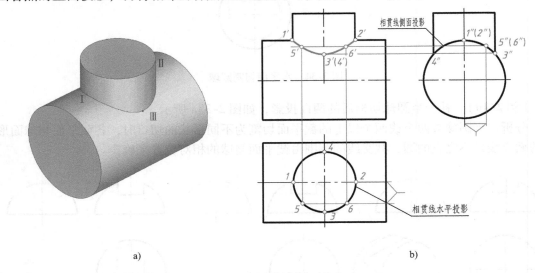

a)   b)

图 2-36　两圆柱正交相贯线的画法

（2）相贯线的简化画法　当两圆柱正交且直径不等时，相贯线的投影可采用简化画法，如图 2-37b 所示。作图方法为：相贯线的正面投影以大圆柱的半径（$D/2$）为半径，以两圆柱的轮廓线的交点为圆心，作弧交小圆柱的轴线于 O 点，再以 O 点为圆心，仍以 $D/2$ 为半径向着大圆柱的轴线方向画圆弧，即为所求相贯线。

（3）两圆柱直径的相对大小对相贯线形状和位置的影响　如图 2-38 所示，在图中设竖直圆柱直径为 D_1，水平圆柱直径为 D，则：

当 $D_1 < D$ 时，相贯线的正面投影为上下对称的曲线，如图 2-38a 所示；

当 $D_1 = D$ 时，相贯线为两个相交的椭圆，其正面投影为正交的两条直线，如图 2-38b 所示；

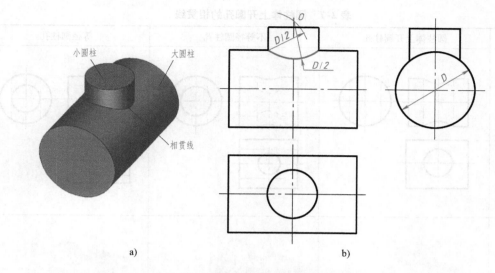

图 2-37 两圆柱正交相贯线的简化画法

当 $D_1 > D$ 时，相贯线的正面投影为左右对称的曲线，如图 2-38c 所示。

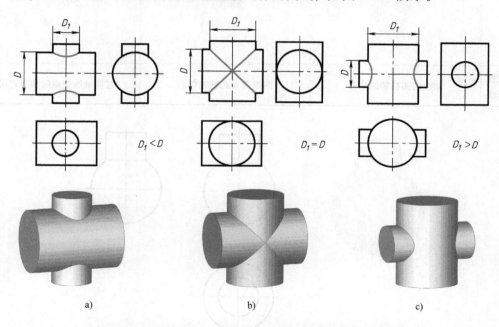

图 2-38 两圆柱直径的相对大小对相贯线形状和位置的影响

（4）圆柱体上开圆孔的相贯线画法 圆柱体上开圆孔或圆柱孔与圆柱孔的内部相贯，它们的相贯线的画法与两圆柱相贯一样，只是在相贯线不可见时用虚线表示，见表 2-7。

2. 圆柱与圆球正交的相贯线画法

圆柱与圆球正交时，圆柱轴线通过球心，它们的相贯线为圆，如图 2-39 所示。图中圆柱轴线垂直于 H 面，所以相贯线在俯视图上的投影在圆周上；在主视图和左视图上的投影各积聚为一条直线。

表 2-7　圆柱体上开圆孔的相贯线

形式	圆柱体上开圆柱孔	不等径圆柱孔	等径圆柱孔
三视图			
立体图			
相贯线投影的形状	曲线向圆柱轴线弯曲	曲线向大孔轴线弯曲	过两轴线交点的相交直线

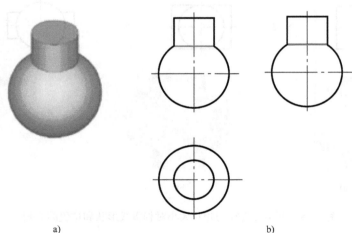

a)　　　　　　　　　　　　b)

图 2-39　圆柱与圆球正交

3. 圆柱与棱柱相交相贯线的画法

圆柱与棱柱相交的相贯线，由棱柱的各棱面与圆柱的交线所组成，是一个封闭的空间线框。

如图 2-40 所示为一个圆柱与四棱柱相贯的立体图和三视图。从图中可知，四棱柱的上、下底面为水平面，与圆柱的交线为圆的一部分；前、后面为正平面，与圆柱的交线为两条直线。圆柱与四棱柱相贯线的三视图画法如图 2-40b 所示。

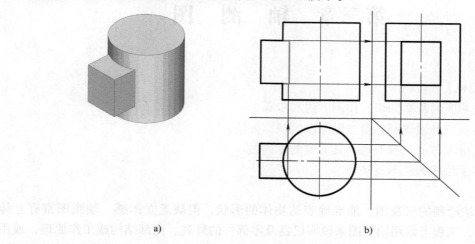

a)　　　　　　　　b)

图 2-40　圆柱与四棱柱相贯

4. 过渡线的画法

铸造或锻造而成的零件，在两表面的相交处通常用小圆角光滑过渡，因此两表面的相交线轮廓不是很明显，这种表面交线称为过渡线。过渡线的画法与相贯线的画法相同，只是两端不与轮廓线接触，如图 2-41 所示。

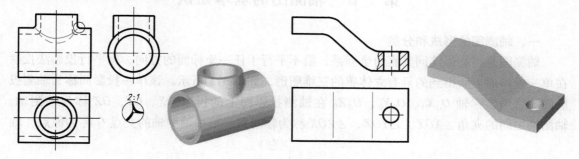

图 2-41　过渡线的画法

第三章 轴 测 图

【学习目标】

1. 掌握轴测图的基本知识、作图方法和步骤。
2. 掌握绘制正等轴测图和斜二轴测图的基本方法。
3. 对照简单物体的三视图画出其对应的轴测图。
4. 了解徒手绘图的基本技法。

用正投影法绘制的三视图，能准确表达物体的形状，但缺乏立体感。轴测图富有立体感，直观性强，工程上常用轴测图来说明机器及零部件的外观、内部结构或工作原理，或用于产品拆装、使用和维修的说明，以及绘制化工、给排水、采暖通风管道系统图等。目前，随着 CAD 三维技术的日趋成熟，轴测图正日益广泛地用于产品几何模型的设计。

在制图教学中，轴测图也是发展空间构思能力的手段之一，通过画轴测图可帮助想象物体的形状，培养空间想象能力。

第一节 轴测图的基本知识

一、轴测图的形成和分类

轴测图是将物体连同其直角坐标系，沿不平行于任一坐标面的方向，用平行投影法投射在单一投影面上所得到的具有立体感的三维图形，如图 3-1 所示。该单一投影面称为轴测投影面。直角坐标轴 O_0X_0、O_0Y_0、O_0Z_0 在轴测投影面上的投影 OX、OY、OZ 称为轴测轴。轴测轴之间的夹角 $\angle XOY$、$\angle YOZ$、$\angle ZOX$ 称为轴间角。三根轴测轴的交点 O 称为原点，轴

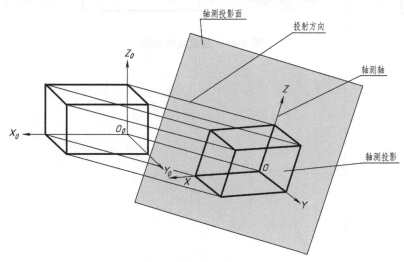

图 3-1 轴测图的形成

测轴的单位长度与相应直角坐标轴的单位长度的比值称为轴向伸缩系数。X 向、Y 向和 Z 向的轴向伸缩系数分别用 p_1、q_1 和 r_1 表示。

根据投射方向与轴测投影面的相对位置，轴测图分为两类：投射方向与轴测投影面垂直所得的轴测图称为正轴测图；投射方向与轴测投影面倾斜所得的轴测图称为斜轴测图。

轴间角与轴向伸缩系数是绘制轴测图的两个主要参数。正（斜）轴测图按轴向伸缩系数是否相等又分为等测、二等测和不等测三种。本章仅介绍常用的正等轴测图和斜二轴测图的画法。

二、轴测图的基本性质

1）物体上相互平行的线段，轴测投影仍相互平行。平行于坐标轴的线段，轴测投影仍平行于相应的轴测轴，且同一轴向所有线段的轴向伸缩系数相同。

2）物体上不平行于轴测投影面的平面图形，在轴测图上变成原形的类似形，如正方形的轴测投影为菱形、圆的轴测投影为椭圆等。

画轴测图时，凡物体上与轴测轴平行的线段的尺寸可以沿轴向直接量取。所谓"轴测"，就是指沿轴向进行测量的意思。

第二节 正等轴测图

一、轴间角与轴向伸缩系数

使确定物体空间位置的三根坐标轴与轴测投影面的倾角均相等，用正投影法得到的投影称为正等轴测图，简称正等测，如图 3-2a 所示。投影后，轴间角 $\angle XOY = \angle YOZ = \angle ZOX = 120°$。作图时，将 OZ 轴画成铅垂线，OX、OY 轴分别与水平线成 30° 角，如图 3-2b 所示。

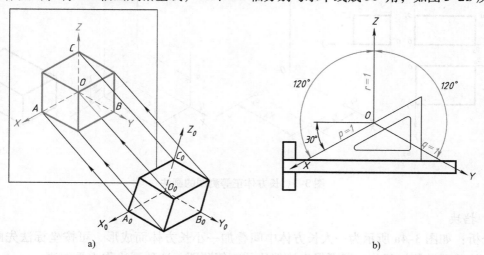

图 3-2 正等轴测图的轴间角和轴向伸缩系数

正等轴测图各轴向伸缩系数均相等，即 $p_1 = q_1 = r_1 = 0.82$（证明略）。画图时，物体长、宽、高三个方向的尺寸均要缩小为原值的 82%。为了作图方便，通常采用简化的轴向伸缩系数，即 $p = q = r = 1$。作图时，凡平行于轴测轴的线段，可直接按物体上相应线段的实际长度量取，不需换算，这样画出的正等测图，沿各轴向长度是原长的 $1/0.82 \approx 1.22$ 倍，但形状和立体感都没有改变。

二、正等测图的画法

常用的轴测图画法有坐标法、叠加法和切割法，其中坐标法是绘制轴测图的基本方法。作图时，先定出直角坐标轴和坐标原点，画出轴测轴，再按立体表面上各顶点或线段端点的坐标，画出其轴测投影，然后连接有关点，完成轴测图。下面以一些常见的图例来介绍正等测图的画法。

1. 长方体

分析：如图 3-3a 所示为一长方体。长方体有八个顶点，按坐标画出各顶点，即可画出长方体的正等测图。

作图步骤：

1）在三视图中定出坐标原点及坐标轴的位置。选定右侧后下方的顶点为原点，经过原点的三条棱线为 OX、OY、OZ 轴。

2）按轴间角画出轴测轴 OX、OY、OZ。在 OX、OY 轴上按三视图尺寸分别量得 a_x，a_y 两点，过两点分别作 OX、OY 轴的平行线，得交点 a，画出长方体底面的轴测投影，如图 3-3b 所示。

3）过底面各顶点作 OZ 轴的平行线，在各线上按三视图高的尺寸量得 A、a'、a_z、a''，得到顶面上四点，加上步骤2）中的四点，即得长方体的八个顶点，如图 3-3c 所示。

4）擦去多余作图线，描深，即得长方体的正等测图，如图 3-3d 所示。轴测图中的不可见轮廓线一般不要求画出。

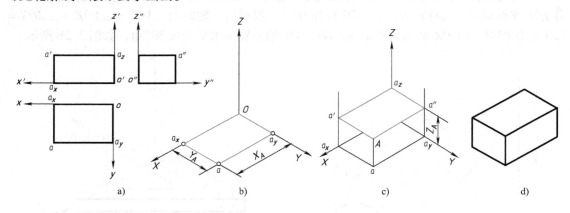

图 3-3　长方体正等测图的画法

2. 挡块

分析：如图 3-4a 所示为一大长方体中间叠加一小长方体而成形，可按坐标法先画一长方体，然后画出叠加部分，即可得出该挡块的正等测图。这种画法称为叠加法。

作图步骤：

1）按三视图中大长方体的尺寸用坐标法画出大长方体的正等测图。

2）按三视图中小长方体的尺寸，画出顶面上 $ABCD$ 四边形，过 $ABCD$ 沿 Z 轴方向向上量取尺寸 8mm，画出小长方体，如图 3-4b 所示。

3）擦去多余作图线，描深，即得挡块的正等测图，如图 3-4c 所示。

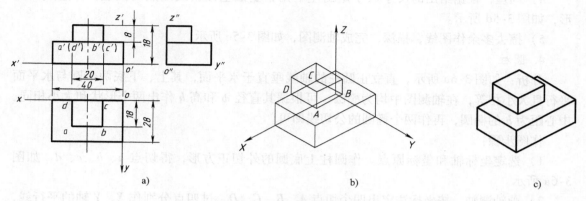

图 3-4　挡块正等测图的画法

3. 垫块

分析：如图 3-5a 所示的垫块，可采用坐标法结合切割法作图，即把垫块看成一个长方体，先用正垂面切去一角，再用铅垂面切去一角形成。截切后的斜面上与三根坐标轴均不平行的线段，在轴测图上不能直接从正投影图中量取，可先按坐标求出其端点，然后连接各点。

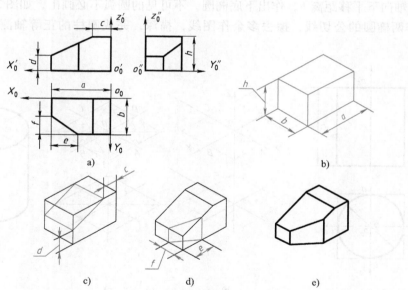

图 3-5　坐标法结合切割法作轴测图

作图步骤：

1）选定坐标轴和坐标原点，如图 3-5a 所示。

2）按三视图的尺寸用坐标法画出长方体的正等测图，如图 3-5b 所示。

3）倾斜线上不能直接量取的尺寸，可在与轴测轴平行的对应棱线上量取倾斜线的端点（如 c、d），再连接两端点，则形成该倾斜线的轴测图，然后连成平行四边形，得正垂面的轴测图，如图 3-5c 所示。

4）同理，根据给出的尺寸 e、f 定出左下角铅垂面上倾斜线端点的位置，并连成四边形，如图 3-5d 所示。

5）擦去多余作图线，描深，完成轴测图，如图 3-5e 所示。

4. 圆柱

分析：如图 3-6a 所示，直立正圆柱的轴线垂直于水平面，其上、下底两个圆与水平面平行且大小相等，在轴测图中均为椭圆，可根据其直径 ϕ 和高 h 作出两个形状和大小相同、中心距为 h 的椭圆，再作两个椭圆的公切线即可。

作图步骤：

1）选定坐标轴和坐标原点。作圆柱上底圆的外切正方形，得切点 a、b、c、d，如图 3-6a 所示。

2）画轴测轴，按坐标法定出四个切点 A、B、C、D，过四点分别作 X、Y 轴的平行线，得外切正方形的轴测图（菱形）。沿 Z 轴向下量取圆柱体高度 h，用同样的方法作出下底菱形，如图 3-6b 所示。

3）过菱形两顶点 1、2，连 $1C$、$2B$，得交点 3，连 $1D$、$2A$，得交点 4。1、2、3、4 即为形成近似椭圆的四段圆弧的圆心。分别以 1、2 为圆心，$1C$ 为半径作 $\overparen{CD}$ 和 $\overparen{AB}$；再分别以 3、4 为圆心，$3B$ 为半径，作 $\overparen{BC}$ 和 $\overparen{AD}$；得圆柱上底的轴测图（椭圆）。将椭圆的三个圆心 2、3、4 沿 Z 轴向下平移距离 h，作出下底椭圆，不可见的圆弧不必画出，如图 3-6c 所示。

4）作两椭圆的公切线，擦去多余作图线，描深，完成圆柱的正等轴测图，如图 3-6d 所示。

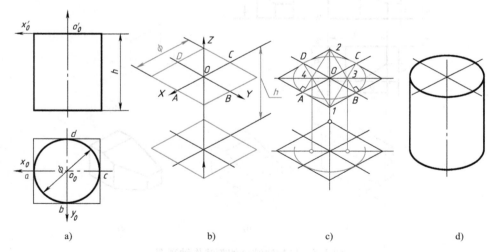

图 3-6　圆柱正等测图的画法

当圆柱轴线垂直于正面或侧面时，轴测图的画法与上述相同，只是圆平面内所含的轴测轴应分别为 X、Z 和 Y、Z，如图 3-7 所示。

5. 圆角

分析：平行于坐标面的圆角，是平行于坐标面的圆的一部分，如图 3-8a 所示的 1/4 圆的圆角，其正等测图就是上述近似椭圆的四段圆弧中相应的一段。

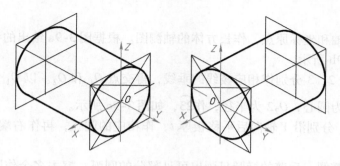

图 3-7 不同方向圆柱的正等测图

作图步骤：

1）按坐标法画出平板的轴测图，并根据圆角的半径 R，按椭圆近似画法在平板上底面相应的棱线上作出切点 1、2 和 3、4，如图 3-8b 所示。

2）过切点 1、2 分别作相应棱线的垂线，得交点 O_1；同样，过切点 3、4 分别作相应棱线的垂线，得交点 O_2。以 O_1 为圆心，$O_1 1$ 为半径，作 $\widehat{12}$；以 O_2 为圆心，$O_2 3$ 为半径，作 $\widehat{34}$，即得平板顶面圆角的轴测图，如图 3-8c、图 3-8d 所示。

3）将圆心 O_1、O_2 向下平移平板厚度 h，再以与上面相同的半径分别作出下面的两段圆弧，即得平板底面圆角的轴测图，如图 3-8e 所示。

4）在平板右端作上、下圆弧的公切线，擦去多余作图线，描深，完成作图，如图 3-8f 所示。

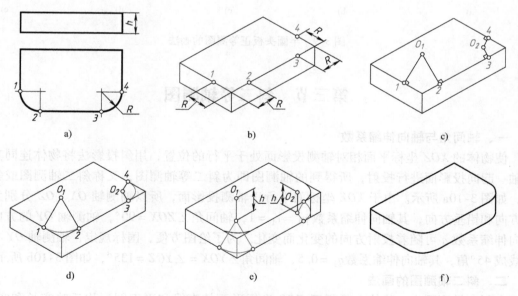

图 3-8 圆角正等测图的画法

6. 半圆头板

分析：根据图 3-9a 给出的尺寸，先作出包含半圆头的长方体，采用作圆角的方法作出半圆头轴测图，然后作出小圆孔的轴测图。

作图步骤：

1）选定坐标轴和坐标原点，作长方体的轴测图。根据图 3-9a 给出的半径 R，定出切点 1、2、3，如图 3-9b 所示。

2）过切点 1、2、3 分别作相应棱线的垂线，得交点 O_1 和 O_2。以 O_1 为圆心，$O_1 1$ 为半径，作 $\overset{\frown}{12}$；以 O_2 为圆心，$O_2 2$ 为半径，作 $\overset{\frown}{23}$，如图 3-9c 所示。

3）将 O_1、O_2 分别沿 Y 轴向后平移板厚 t，作相应的圆弧，再作右端两圆弧的公切线，如图 3-9d 所示。

4）作小圆孔椭圆，后壁的椭圆只画出可见部分的圆弧。擦去多余作图线，描深，完成作图，如图 3-9e 所示。

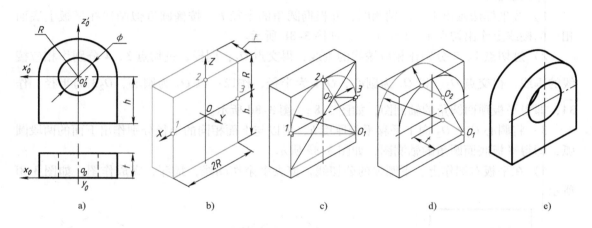

图 3-9　半圆头板正等测图的画法

第三节　斜二等轴测图

一、轴间角与轴向伸缩系数

使物体的 XOZ 坐标平面相对轴测投影面处于平行的位置，用斜投影法将物体连同其坐标轴一起向投影面进行投射，所得到的轴测图即为斜二等轴测图，又称斜二轴测图或斜二测，如图 3-10a 所示。由于 XOZ 坐标面平行于轴测投影面，所以轴测轴 OX、OZ 分别为水平方向和铅垂方向，其轴向伸缩系数 $p_1 = r_1 = 1$，轴间角 $\angle ZOX = 90°$，轴测轴 OY 的方向和轴向伸缩系数 q 可随着投射方向的变化而变化。为了绘图方便，国标规定，轴测轴 OY 与水平线成 45°角，其轴向伸缩系数 $q_1 = 0.5$，轴间角 $\angle YOX = \angle YOZ = 135°$，如图 3-10b 所示。

二、斜二轴测图的画法

在斜二轴测图中，物体上平行于 XOZ 坐标平面的直线和平面图形均反映实长和实形。所以，当物体上有较多的圆或曲线平行于 XOZ 坐标平面时，采用斜二轴测作图比较方便。下面用套筒的图例来说明斜二轴测图的画法。

分析：如图 3-11a 所示为一个具有同轴圆柱孔的套筒，套筒的前、后端面及孔口都是圆。因此，将前、后端面平行于正面放置，作图很方便。

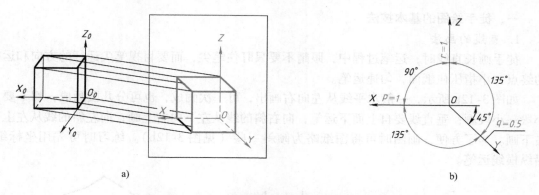

图 3-10　斜二轴测图及轴间角与轴向伸缩系数

作图步骤：

1）作轴测轴，在 OY 轴上量取 $L/2$，定出前端面的圆心 A，如图 3-11b 所示。

2）画出前后端面圆的轴测图，如图 3-11c 所示。

3）画出前后两圆的公切线及前孔口和后孔口的可见部分，擦去多余作图线，描深，完成作图，如图 3-11d 所示。

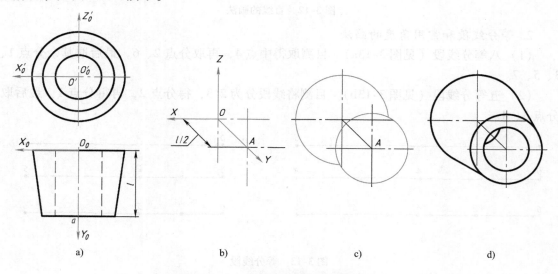

图 3-11　圆台斜二轴测图的画法

第四节　轴测草图的徒手画法

不用绘图仪器和工具，通过目测形体各部分之间的相对比例，徒手画出的图称为草图。草图是创意构思、技术交流、零部件测绘常用的绘图方法。草图虽然是徒手绘制，但绝不是潦草的图，仍应做到图形正确、线型粗细分明、自成比例、字体工整、图面整洁。

徒手绘图具有灵活快捷的特点，有很大的实用价值，特别是随着计算机绘图的普及，徒手绘制草图的应用将更加重要。

一、徒手绘图的基本技法

1. 直线的画法

徒手画长直线时，运笔过程中，眼睛不要只盯住笔尖，而要目视笔尖运行的方向和运行的终点，小指压住纸面，匀速运笔。

如图3-12a所示，一般水平线从左向右画出，可一次画成，也可分几段画成，切不要一小段一小段画；垂直线要自上而下运笔；向右斜的线从左下向右上画；向左斜的线从左上向右下画。为了方便，画图时可将图纸略为倾斜一些（见图3-12b）。练习时可先用坐标纸，沿纵横线运笔。

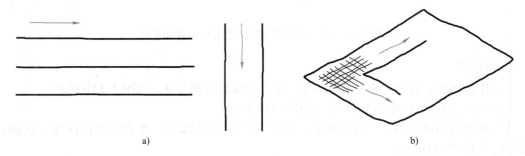

图3-12　直线的画法

2. 等分线段和常用角度的画法

（1）八等分线段（见图3-13a）　目测取得中点4，再取分点2、6，最后取其余分点1、3、5、7。

（2）五等分线段（见图3-13b）　目测将线段分为2:3，得分点2，再得分点1，最后取分点3、4。

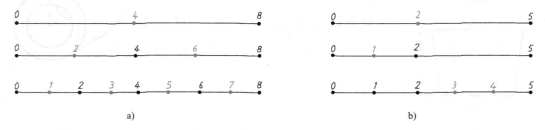

图3-13　等分线段

等分线段需要较强的目测能力，要反复训练。

（3）画常用角度　画常用角度时，可利用直角三角形两直角边的长度比定出两端点，然后连成直线，如图3-14a所示，也可将半圆弧二等分或三等分画出45°、30°或60°斜线，如图3-14b所示。

3. 正等轴测轴的画法

作水平线，取O为轴测坐标原点，由点O向左在水平线上截取五等分，过端点M作垂直线，并在M点上下各截取3等分，得点A和A₁，连接OA，即得OX轴，连接OA₁并反向延长，即得OY轴，如图3-15a所示。如图3-15b所示为斜二测轴测轴的画法。

4. 圆和椭圆的画法

画较小的圆时，可如图3-16a所示，在画出的中心线上按半径目测定出四点，徒手画成

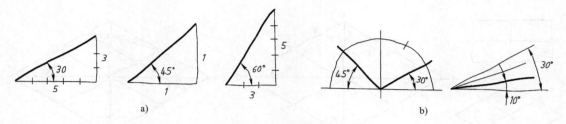

图 3-14 画常用角度

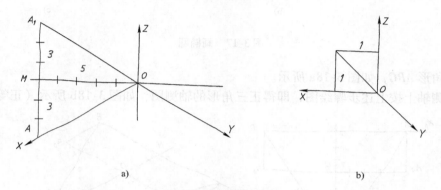

图 3-15 徒手画轴测轴

圆；也可以过四点先作正方形，再作内切的四段圆弧。画直径较大的圆时，取四点作圆不易准确，可如图 3-16b 所示，过圆心再画两条 45°斜线，并在斜线上也目测定出四点，然后过八点作圆。

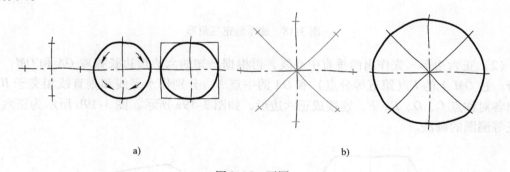

图 3-16 画圆

画较小的椭圆时，先在中心线上按长短轴定出四个端点，作平行四边形，并顺势画四段椭圆弧，如图 3-17a 所示。画较大的椭圆时，先在平行四边形的四条边上取中点 1、3、5、7，并在对角线上加取四点 2、4、6、8（如图 3-17b 所示，过 $O7$ 的中点 K 作 $MN /\!/ AD$，连 $M7$、$N7$ 与 AC、BD 交于点 8、6，并作出它们的对称点 4、2），然后顺次连接八个点，画出椭圆（见图 3-17c）。

5. 正多边形的画法

（1）正三角形 已知三角形边长 A_0B_0，作水平线，过中点 O 作垂直线。五等分 OA_0，取 $ON = 3A_0/5$，得 N 点，过 N 点作三角形底边 AB。取线段 OC 等于 ON 的两倍，得 C 点，

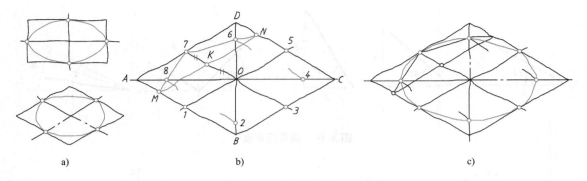

图 3-17　画椭圆

作出正三角形 *ABC*，如图 3-18a 所示。

　　在轴测轴上按上述步骤绘图，即得正三角形的轴测图，如图 3-18b 所示（正等测）。

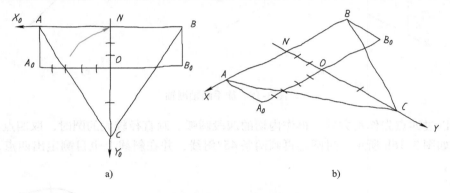

图 3-18　徒手画正三角形

　　（2）正六边形　先作出两垂直中心线，再根据已知的六边形边长截取 *OA* 和 *OM*，并六等分。过 *OM* 上的 *K*（第五等分点）和 *OA* 的中点 *N*，分别作水平线和垂直线相交于 *B*，再作出各对称点 *C*、*D*、*E*、*F*，连接成正六边形，如图 3-19a 所示。图 3-19b 所示为正六边形的正等测图的画法。

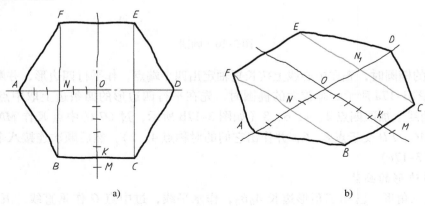

图 3-19　徒手画正六边形

二、轴测草图画法举例

[例3-1] 画螺栓毛坯的正等测草图。

分析：螺栓毛坯由六棱柱、圆柱和圆台组成，基本体的底面中心均在 O_0Z_0 轴上，如图 3-20a 所示。作图时可先画出轴测轴，在 OZ 轴上定出各底面中心 O_1，O_2，O_3，过各中心点作平行轴测轴（X、Y）的直线（见图 3-20b）。按图 3-18 和图 3-20 所示方法画出各底面的图形（见图 3-20c），最后画出六棱柱、圆柱和圆台的外形轮廓，如图 3-20d 所示。

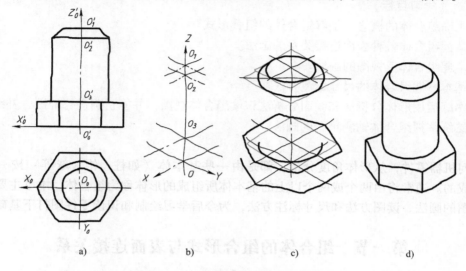

图 3-20 画螺栓毛坯的正等测草图

[例3-2] 画压板的斜二轴测草图。

分析：可直接在主视图（见图 3-21a）上作图，画出压板的轮廓。XOY 坐标面上的圆，在斜二轴测中是椭圆，可先画出椭圆的外切平行四边形（见图 3-21b），然后画出椭圆弧，如图 3-21c 所示。

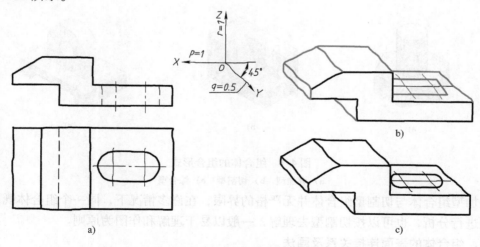

图 3-21 画压板的斜二轴测草图

第四章 组合体

【学习目标】

1. 明确组合体的概念，了解组合体的组合形式。
2. 掌握组合体各种表面连接关系的画法。
3. 掌握组合体三视图的画法。
4. 基本掌握组合体的尺寸标注方法。
5. 熟练运用形体分析法和线面分析法识读组合体视图，并能正确进行补图、补线。
6. 熟练掌握组合体轴测草图的画法。

任何机器零件，从形体角度分析，都是由一些基本体（如柱、锥、球等）按一定方式组合而成的。通常将由两个或两个以上的基本体所组成的形体称为组合体。本章主要介绍组合体视图的画法、读图方法和尺寸标注方法，为今后学习绘制和识读零件图打下基础。

第一节 组合体的组合形式与表面连接关系

一、组合体的组合形式

组合体的组合形式有叠加和切割两种。叠加型组合体由若干个基本体叠加而成，如同积木的堆积，如图 4-1a 所示。切割型组合体由一个完整的基本体经过切割或穿孔后形成，如图 4-1b 所示。实际形体中，单纯叠加或切割的较少，大多数为既有叠加又有切割的综合型，如图 4-1c 所示。

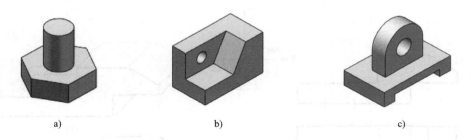

a)　　　　　　　　　b)　　　　　　　　　c)

图 4-1　组合体的组合形式

a）叠加型　b）切割型　c）综合型

叠加型组合体与切割型组合体并无严格的界限，在许多情况下，同一个组合体既可以按叠加型进行分析，也可以按切割型去理解，一般以易于理解和作图为原则。

二、组合体的表面连接关系及画法

组合体中的基本形体经过叠加或切割后，其相邻表面之间的连接关系有共面、相切和相交三种情况。在画图时，必须注意这些关系，才能做到投影正确、不多线、不漏线。

1. 共面

当两基本形体的邻接表面共面时，在结合处没有分界线，如图 4-2a 所示；当两基本形体的邻接表面不共面时，在结合处应有分界线，如图 4-2b 所示。

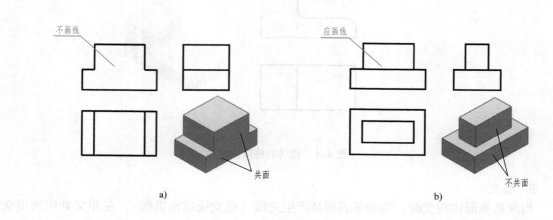

图 4-2 共面与不共面的画法

2. 相切

当两基本形体的邻接表面相切时，由于在相切处形成光滑过渡，所以在相切处不存在轮廓线，相切处的投影应画到切点处，如图 4-3 所示。

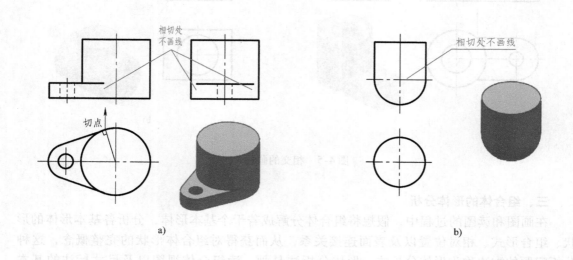

图 4-3 相切的画法

特殊情况：当两圆柱相切时，若它们的公共切平面垂直于投影面时，在该投影面上应画出切平面的投影，如图 4-4 所示。

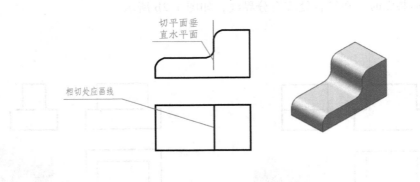

图 4-4　相切的特殊情况

3. 相交

当两基本形体相交时，其相邻表面必产生交线（截交线或相贯线），在相交处应画出交线的投影，如图 4-5 所示。

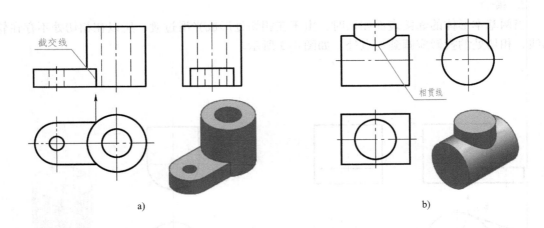

a)　　　　　　　　　　　　　　　　b)

图 4-5　相交的画法

三、组合体的形体分析

在画图和读图的过程中，假想将组合体分解成若干个基本形体，分析各基本形体的形状、组合形式、相对位置以及表面连接关系，从而获得对组合体形状的完整概念，这种分析问题的方法称为形体分析法。形体分析法是画、读组合体视图以及尺寸标注的基本方法。

对图 4-6 所示支座进行形体分析，可将其分解为底板、空心圆柱体、凸台、耳板和肋板五部分。从图中可以看出：肋板的底面与底板的顶面叠合，底板的两侧面与圆柱体相切，肋板与耳板的侧面均与圆柱体相交，凸台与圆柱体垂直相交，两圆柱的通孔连通。

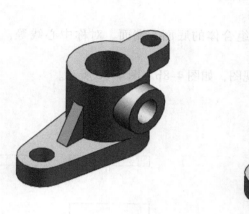 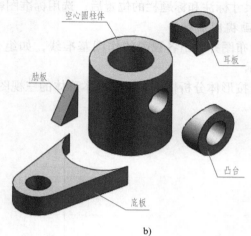

a)   b)

图 4-6   支座及其形体分析

第二节   组合体视图的画法

一、叠加型组合体视图的画法

下面以图 4-7 所示的组合体为例,说明叠加型组合体视图的画法。

1. 形体分析

画视图之前,应对组合体进行形体分析,了解该组合体由哪些基本形体组成,它们的相对位置、组合形式及表面连接关系等,为画好视图作准备。

如图 4-7 所示组合体由两个基本形体组成,一个是直立的三角形半圆头竖板,中间有圆孔;另一个是平放的带圆角的长方形底板,两边有两个小圆孔;两块板叠合,后端面平齐。

2. 选择主视图

主视图是一组视图的核心,画图和读图都应从主视图入手。选择主视图时,一般从以下两个方面考虑:

(1) 组合体的安放位置   一般以大平面作为底面,将组合体按自然位置放正,使其主要平面平行于投影面,以便在投影时得到实形。

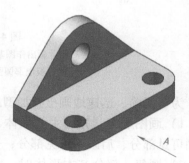

图 4-7   叠加型组合体

(2) 主视图的投射方向   选择最能反映组合体形状特征和位置特征的方向作为主视图的投射方向,并尽量减少主视图和其他视图中的虚线。

如图 4-7 所示,将组合体按自然位置放正,经过比较选择方向 A 作为主视图的投射方向更符合上述两个要求。主视图确定后,其他视图也随之确定。

3. 选比例、定图幅

根据组合体的大小和复杂程度，选择画图比例（尽量选用 1∶1），计算视图所占面积以及考虑尺寸标注和标题栏的位置后，选用标准图幅。

4. 画视图底稿

1）布图并画出各视图的作图基准线，如组合体的底面、端面、对称中心线等，如图 4-8a 所示。

2）按形体分析依次画出各基本形体的三视图，如图 4-8b ~ 图 4-8e 所示。

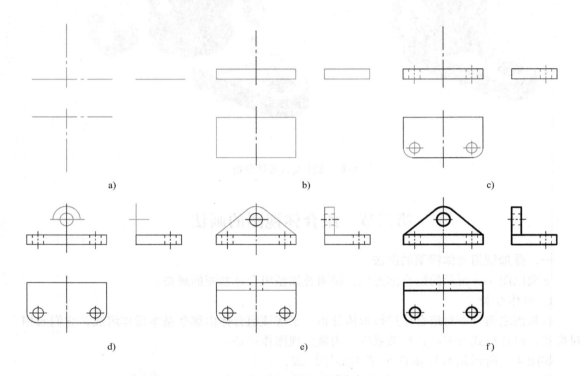

图 4-8　叠加型组合体的画图步骤

a）布图并画出作图基准线　b）画底板轮廓　c）画底板圆孔及小圆角
d）画竖板上部圆弧及圆孔　e）画竖板两边切线　f）检查、描深

为了正确、迅速地画出叠加型组合体的三视图，画视图底稿时应注意以下问题：

1）画图顺序。先画主要形体、后画次要形体（如图 4-8 所示先画底板、后画竖板）；先画可见部分、后画不可见部分；先画圆和圆弧、后画直线。

2）画每一部分基本形体时，应从反映该部分形状特征的视图画起（如底板先画俯视图，竖板先画主视图），三个视图应按投影关系同时进行。这样，不但可以提高绘图速度，还可减少投影作图错误。

5. 检查、描深

底稿完成后，应认真检查，尤其应检查各形体之间表面连接关系的画法是否正确，并从整体出发处理衔接处图线的变化。确认无误后，擦去多余作图线，最后按规定线型描深，如图 4-8f 所示。

二、切割型组合体视图的画法

下面以图 4-9 所示的组合体为例，说明切割型组合体视图的画法。

1. 形体分析

如图 4-9 所示的组合体可看成是由长方体切去基本形体 1、2 而形成的。

2. 选择主视图

切割型组合体在选择主视图时，应使尽量多的截平面（切口）垂直或平行于投影面，使其具有积聚性或反映实形，以简化作图。

对于如图 4-9 所示的组合体，将其水平放置，经过比较选择方向 *A* 作为主视图的投射方向。

3. 选比例、定图幅，画视图底稿

1）布图并画各视图的作图基准线，如组合体的底面、端面和对称中心线等，如图 4-10a 所示。

2）画出切割前基本体的三视图，如图 4-10b 所示。

3）按切割顺序依次画出各切口的投影，如图 4-10c、图 4-10d 所示。

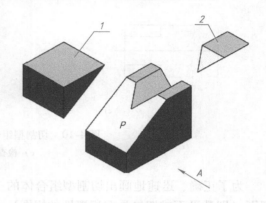

图 4-9 切割型组合体

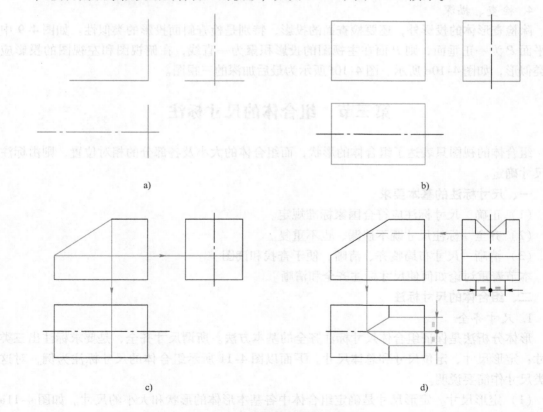

a)   b)

c)   d)

图 4-10 切割型组合体的画图步骤

a）布图并画出作图基准线 b）画基本体三视图 c）第一次切割 d）第二次切割

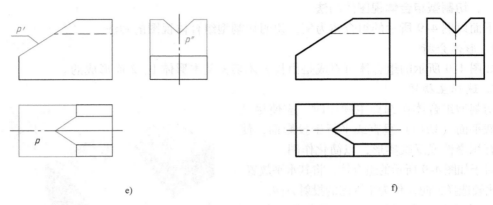

e)　　　　　　　　　　　　　　　　　　　f)

图 4-10　切割型组合体的画图步骤（续）

e）检查　f）描深

为了正确、迅速地画出切割型组合体的三视图，画视图底稿时应注意：先画切口的特征视图（即截平面或切口具有积聚性的视图），再画其他视图，三个视图一起画。例如第一次切割时，先画切口的主视图，再画出其俯、左视图（见图 4-10c）；第二次切割时，先画切口的左视图，再画出其主、俯视图（见图 4-10d）。

4. 检查、描深

除检查形体的投影外，还要检查面的投影，特别是检查斜面投影的类似性。如图 4-9 中的平面 P 为一正垂面，则 P 面在主视图的投影积聚为一直线，在俯视图和左视图的投影应为类似形，如图 4-10e 所示。图 4-10f 所示为最后加深的三视图。

第三节　组合体的尺寸标注

组合体的视图只表达了组合体的形状，而组合体的大小及各部分的相对位置，则由标注的尺寸确定。

一、尺寸标注的基本要求

（1）正确　尺寸标注应符合国家标准规定。

（2）齐全　标注尺寸既不遗漏、也不重复。

（3）清晰　尺寸布局整齐、清晰，便于查找和读图。

本节着重讨论如何使尺寸标注齐全和清晰。

二、组合体的尺寸标注

1. 尺寸齐全

形体分析法是保证组合体尺寸标注齐全的基本方法。所谓尺寸齐全，是要求标注出三类尺寸：定形尺寸、定位尺寸和总体尺寸。下面以图 4-11 所示组合体的尺寸标注为例，对这三类尺寸作简要说明。

（1）定形尺寸　定形尺寸是确定组合体中各基本形体的形状和大小的尺寸。如图 4-11a 所示，底板长、宽、高尺寸（70mm、40mm、10mm）和圆孔和圆角尺寸（2 × φ10mm、R10mm）；竖板长、宽、高尺寸（70mm、8mm、27mm）和半圆头圆弧和圆孔尺寸

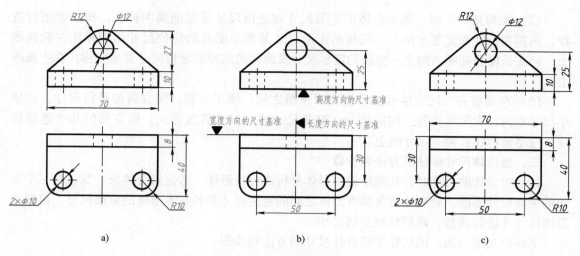

图 4-11 组合体的尺寸标注

（R12mm、φ12mm），都是定形尺寸。

必须注意：以形体分析法标注组合体尺寸时，容易出现重复尺寸，如长度尺寸 70mm 是底板和竖板的公共尺寸，只需标注一次，不用重复标注；相同的圆孔 φ10mm 要注写数量，如 2×φ10mm，但相同的圆角 R10mm 不注数量，两者都不必重复标注。

（2）定位尺寸　定位尺寸是确定组合体中各基本形体之间相对位置的尺寸，如图 4-11b 所示。

标注定位尺寸时，应先选好尺寸基准。所谓尺寸基准，就是标注或测量尺寸的起点。组合体有长、宽、高三个方向的尺寸，因此，每个方向至少有一个主要尺寸基准，以便确定各基本形体在各方向上的相对位置。当形体复杂时，允许有一个或几个辅助尺寸基准。

选择尺寸基准必须体现组合体的结构特点，并使尺寸度量方便。通常选择组合体的底面、端面或对称平面以及回转轴线等作为尺寸基准。如图 4-11b 所示，组合体的左右对称平面为长度方向的尺寸基准（图中用"▼"符号表示基准的位置），由此注出底板上两圆孔的定位尺寸 50mm；后端面为宽度方向的尺寸基准，由此注出底板上圆孔与后端面的定位尺寸 30mm；底面为高度方向的尺寸基准，由此注出竖板上圆孔与底面的定位尺寸 25mm。

（3）总体尺寸　总体尺寸是确定组合体总长、总宽、总高的尺寸。如图 4-11c 所示，组合体的总长、总宽尺寸即底板的长 70mm 和宽 40mm，不再重复标注；总高尺寸为 10mm ＋27mm。但必须注意，当组合体的端部是回转体时，为了明确回转体的确切位置，该方向的总体尺寸一般不注出。所以，该组合体的总高尺寸由确定回转体轴线的定位尺寸 25mm 和回转体的定形尺寸 R12mm 间接确定。

2. 尺寸清晰

为了便于读图和查找相关尺寸，尺寸布局必须整齐、清晰。下面以尺寸已标注齐全的组合体（见图 4-11c）为例，说明尺寸布置应注意的几个问题。

（1）突出特征　定形尺寸应尽量标注在反映该部分形状特征的视图上，如底板的圆孔和圆角、竖板的圆孔和圆弧，应分别标注在俯视图和主视图上。需要注意的是，直径尺寸应尽量标注在投影为非圆的视图上；在虚线上尽可能避免标注尺寸。

（2）相对集中　同一基本形体的定形尺寸和定位尺寸尽可能集中标注，便于读图时查找。例如在长度和宽度方向上，底板的定形尺寸及两小圆孔的定位尺寸集中标注在俯视图上；而在长度和高度方向上，竖板的定形尺寸及圆孔的定形和定位尺寸都集中标注在主视图上。

（3）布局整齐　尺寸尽可能布置在两视图之间，便于对照。同方向的平行尺寸，应使小尺寸在内、大尺寸在外，间隔均匀，避免尺寸线与尺寸界线相交；同方向的几个连续尺寸，应尽量标注在同一尺寸线上。

三、组合体尺寸标注的方法和步骤

标注组合体的尺寸时，首先应运用形体分析法分析形体，选定组合体长、宽、高三个方向的主要尺寸基准，分别注出各基本形体之间的定位尺寸和各基本形体的定形尺寸，再标注总体尺寸并进行调整，最后校核全部尺寸。

下面以支座为例，说明标注组合体尺寸的方法和步骤。

1. 形体分析

将支座分解为底板、空心圆柱体、凸台、耳板和肋板五个基本形体，如图 4-6b 所示。

2. 选定尺寸基准，标注定位尺寸

根据支座的结构特点，长度方向以通过空心圆柱体轴线的侧平面为主要基准，宽度方向以通过空心圆柱体轴线的正平面为主要基准，高度方向以底面为主要基准，顶面为辅助基准，如图 4-12 所示。从基准出发，在长度方向上注出空心圆柱体与底板、肋板、耳板的相对位置尺寸（80mm、56mm、52mm）；在宽度和高度方向上，注出凸台与空心圆柱体的相对位置尺寸（48mm 和 28mm）。

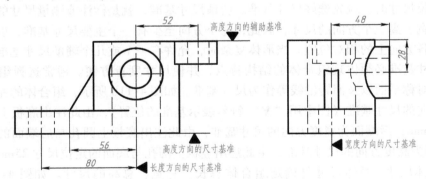

图 4-12　支座的尺寸基准和定位尺寸

3. 标注定形尺寸

按形体分析法，依次标注各基本形体的定形尺寸，如图 4-13 所示。

4. 标注总体尺寸

支座的总高尺寸为 80mm，它也是空心圆柱体的高度尺寸，而总长和总宽尺寸则由于标出了定位尺寸而不独立，这时一般不再标注其总体尺寸，如图 4-14 所示，在长度方向上标注了定位尺寸 80mm 和 52mm 以及圆弧半径 R22mm 和 R16mm 后，就不再标注总长尺寸（80mm + 52mm + 22mm + 16mm = 170mm）。左视图在宽度方向上注出了定位尺寸 48mm 后，不再标注总宽尺寸（48mm + 72mm/2 = 84mm）。

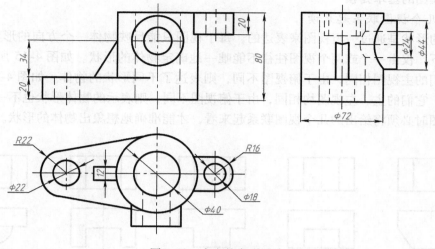

图4-13　支座的定形尺寸

5. 校核

最后，对已标注的尺寸，按正确、完整、清晰的要求进行检查，如有不妥，则作适当修改或调整，这样才完成了支座完整的尺寸标注，其结果如图4-14所示。

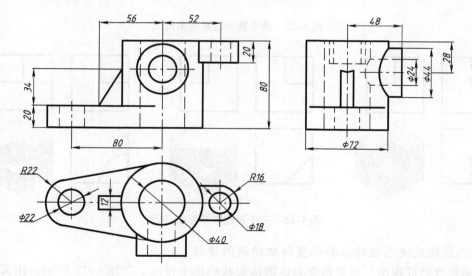

图4-14　支座的尺寸标注

第四节　读组合体视图

读图和画图是学习本课程的两个重要环节，培养读图能力是本课程的基本任务之一。画图是把空间形体通过正投影法绘制在平面上；而读图则是根据已经画出的视图，运用投影规律，想象出物体空间形状的过程。因此，读图是画图的逆过程。为了正确而迅速地读懂视图，必须掌握读图的基本要领和基本方法，并通过反复实践，逐步提高读图能力。

一、读图的基本要领

1. 把几个视图联系起来读

物体的形状是通过一组视图来表达的，每个视图只能反映物体一个方向的形状。因此，一般情况下，仅由一个或两个视图往往不能唯一地确定物体的形状。如图 4-15 所示的五组视图，它们的主视图相同，由于俯视图不同，则表达了不同形状的物体。如图 4-16 所示的三组视图，它们的主、左视图均相同，由于俯视图不同，则表示的物体形状也不一样。由此可见，读图时必须将给出的几个视图联系起来看，才能准确地想象出物体的形状。

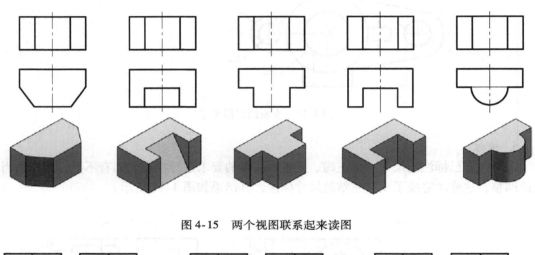

图 4-15　两个视图联系起来读图

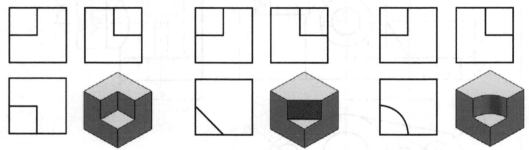

图 4-16　三个视图联系起来读图

2. 从最能反映形状特征和位置特征的视图读起

所谓形状特征视图，就是最能表达物体形状的那个视图。如图 4-15 所示，由其主视图可以想象出多种物体形状，只有配合俯视图，才能唯一确定物体的形状。所以，俯视图是形状特征视图。

所谓位置特征视图，就是反映组合体各部分相对位置关系最明显的视图。如图 4-17a 所示，若只看主、俯视图，Ⅰ、Ⅱ两个基本形体哪个凸出、哪个凹进，无法确定，如果配合左视图，就可唯一确定物体的形状。所以，左视图是位置特征视图。

由此可见，特征视图是表达形体的关键视图，读图时应注意找出形体的形状特征视图和位置特征视图，再联系其他视图，就能很容易地读懂视图，想象出形体的空间形状了。

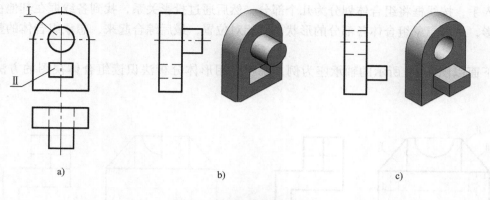

图 4-17　位置特征视图

3. 明确视图中线框和图线的含义

1）视图上的每个封闭线框，通常表示物体上一个表面（平面或曲面）的投影。如图 4-18a 所示主视图中有四个封闭线框，对照俯视图可知，线框 a'、b'、c' 分别是六棱柱前三个棱面的投影，线框 d' 则是前圆柱面的投影。

2）相邻两线框或大线框中有小线框，则表示物体不同位置的两个表面。可能是两表面相交，如图 4-18a 中的 A、B、C 面依次相交；也可能是同向（如上下、前后、左右）错位，如图 4-18a 所示俯视图中大线框六边形中的小线框图，就是六棱柱顶面与圆柱顶面的投影。

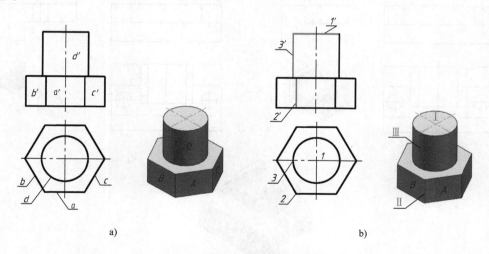

图 4-18　视图中线框和图线的含义

3）视图中的每条图线，可能是立体表面有积聚性的投影，如图 4-18b 所示主视图中的 $1'$ 是圆柱顶面Ⅰ的投影；或者是两平面交线的投影，如图 4-18b 所示主视图中的 $2'$ 是 A 面与 B 面交线Ⅱ的投影；也可能是曲面转向轮廓线的投影，如图 4-18b 所示主视图中的 $3'$ 是圆柱面前后转向轮廓线Ⅲ的投影。

二、读图的基本方法

1. 形体分析法

读图的基本方法与画图一样，主要也是运用形体分析法。通常从最能反映形状特征的主视图入手，按线框将组合体划分为几个部分，然后通过投影关系，找到各线框在其他视图中的投影，从而想象组合体各部分的形状及其相对位置，最后综合起来，想象组合体的整体形状。

　　下面以图4-19所示的轴承座为例，说明应用形体分析法识读组合体视图的方法与步骤。

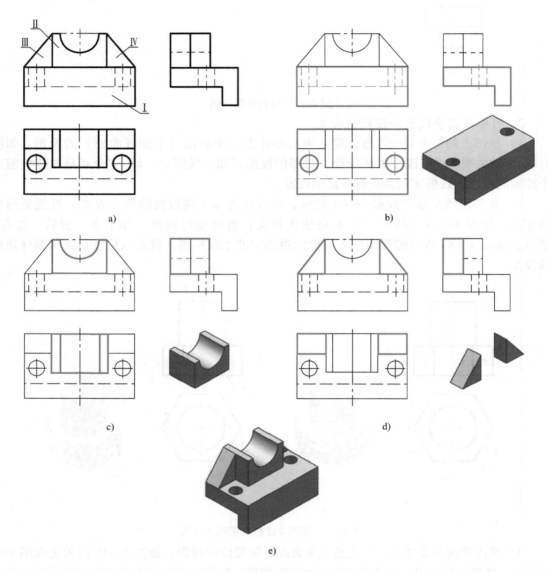

图4-19　用形体分析法读图

　　（1）画线框，分形体　从主视图入手，将轴承座按线框分为四部分，如图4-19a所示。通过分析可知，左视图较明显地反映形体Ⅰ的形状特征，主视图较明显地反映了形体Ⅱ、Ⅲ、Ⅳ的形状特征。

　　（2）对投影，想形状　形体Ⅰ从左视图出发，形体Ⅱ、Ⅲ、Ⅳ从主视图出发，根据

"三等"规律分别在其他视图上找出对应的投影，想象出各组成部分的形状：形体Ⅰ为L形弯板并钻有两个圆柱通孔，形体Ⅱ为长方体上部切掉一个半圆柱；形体Ⅲ、Ⅳ为三棱柱，如图4-19b、图4-19c、图4-19d所示。

（3）合起来，想整体　在读懂每部分形状的基础上，根据物体的三视图，进一步研究它们的相对位置和连接关系：形体Ⅱ在形体Ⅰ上方，左右居中，且后面平齐；形体Ⅲ、Ⅳ在形体Ⅱ左右两侧，且与其相接，后面平齐，从而综合想象出物体的整体形状，如图4-19e所示。

2. 线面分析法

读图时，对比较复杂的组合体中不易读懂的部分，还应在形体分析的基础上采用线面分析法。所谓线面分析法，就是将组合体看成是由若干个面（平面或曲面）所围成的，面与面之间存在着交线，然后利用线、面的投影特性，确定各表面、交线的形状及相对位置，从而想象出组合体的形状。下面举例说明线面分析法在读图中的应用。

（1）分析面的形状　用线面分析法读图，要善于利用线、面投影的真实性、积聚性与类似性。在三视图中，面的投影特征是：凡"一框对两线"（见图4-20a），则表示投影面平行面；凡"一线对两框"（见图4-20b），则表示投影面垂直面；凡"三框相对应"（见图4-20c），则表示一般位置平面。投影面垂直面的两个投影、一般位置平面的三个投影都具有类似形。熟记此点，可以很快想象出线面及其空间位置。

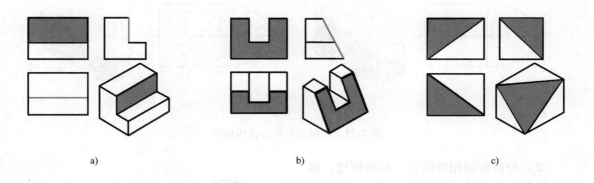

| a) | b) | c) |

图4-20　分析面的形状

[例4-1]　如图4-21a所示，已知压板的三视图，想象压板的形状。

1）用形体分析法，想象压板的原始形状。将压板三视图中的缺口补齐，如图4-21a所示，可判断压板是由一个完整的长方体经过几次切割而成的。

2）用线面分析法，确定截平面的形状和位置。主视图有缺口，截平面P（p、p'、p''）在三视图中是"一线对两框"，表示正垂面，将长方体左上角切去，如图4-21b所示。

俯视图有缺口，截平面Q（q、q'、q''）在三视图中是"一线对两框"，表示铅垂面，将长方体左前（后）角切去，如图4-21c所示。

左视图有缺口，截平面H（h、h'、h''）和截平面R（r、r'、r''）在三视图中是"一框对两线"，分别表示水平面和正平面，将长方体前（后）下部切去，如图4-21d所示。

3）综合起来想整体。通过以上的面形分析可以想象，压板是一个长方体左端被三个平面切割，底部被前后对称的两组平面切割而形成，其形状如图4-21d所示。

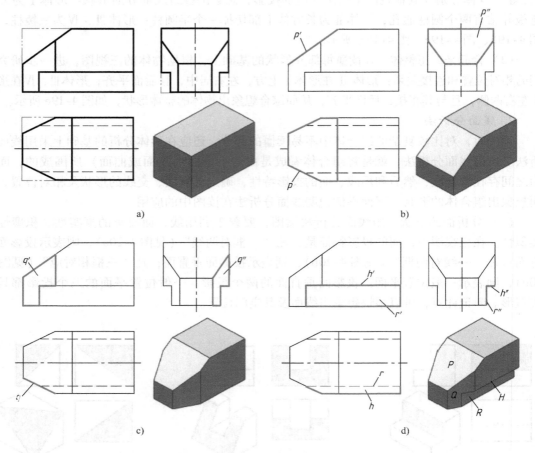

a)　　　　　　　　b)

c)　　　　　　　　d)

图 4-21　用线面分析法读压板图

（2）分析面的相对位置　如前所述，视图中每个线框都表示组合体上的一个表面，相邻两线框（或大线框里有小线框）通常是物体上不同的两个表面。如图 4-22 所示，主视图中的线框 a'、b'、c'、d' 表示的四个面在俯视图中积聚成水平线 a、b、c、d。因此，它们都是正平面，B 面和 C 面在前、D 面在后、A 面在中间。主视图中的线框 d' 里的小线框圆 e'，表示物体上两个不同层次的表面，小线框圆表示的面可能凸出、也可能凹入，或者是圆柱孔的积聚投影。对照俯视图上相应的两条虚线，可判断是圆柱孔。清楚了面的前后位置关系，即能想象出物体的形状。

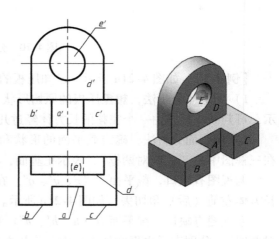

图 4-22　分析面的相对位置

综上所述，可以看出，形体分析法多用于叠加型组合体，线面分析法多用于切割型组合体。读图时通常是两种方法并用，以形体分析为主、线面分析为辅。

三、读图举例

由已知的两个视图补画第三个视图，或补画视图中所缺的图线，是读图和画图的综合训练，是一个反复实践、提高读图能力的过程，也是发展空间想象力和思维能力的有效途径，其方法和步骤为：根据已知视图，用形体分析法和必要的线面分析法分析和想象组合体的形状，在弄清组合体形状的基础上，按投影关系补画出所缺的视图或图线。

补图补线时，应根据各组成部分逐步进行。对叠加型组合体，先画局部后画整体；对切割型组合体，先画整体后切割，并按先实后虚、先外后内的顺序进行。

[**例 4-2**] 如图 4-23 所示，已知支承架的主、俯视图，补画左视图。

分析：在主视图上按封闭线框将组合体分为三部分，分别找出每个线框在俯视图上对应的投影，想象出它们各自的形状：形体 I 是长方形底板，后端自上而下有一长方形通槽；形体 II 是长方形竖板，上面有圆柱通孔，后端的通槽与形体 I 的相对应；形体 III 是 U 形凸台，上面的圆柱通孔与形体 II 的相对应。再分析它们的相对位置，就可以对支承架的整体形状有初步认识。

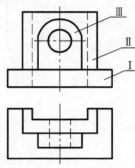

图 4-23 支承架的
主、俯视图

作图步骤：

1）画出底板 I 的左视图，如图 4-24a 所示。

2）画出竖板 II 的左视图，如图 4-24b 所示。

3）画出凸台 III 的左视图，如图 4-24c 所示。

4）根据底板 I、竖板 II、凸台 III 的形状以及它们的相对位置，可以想象出支承架的整体形状，然后校核补画出的左视图并描深，如图 4-24d 所示。

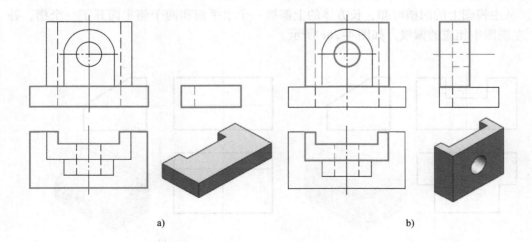

a)   b)

图 4-24 补画支承架左视图的步骤

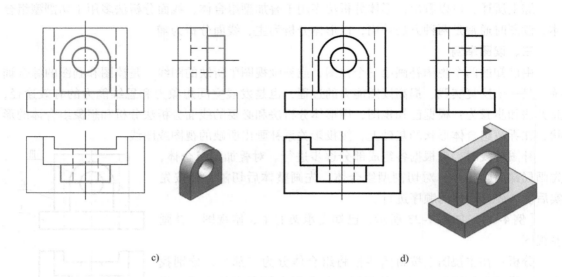

c)　　　　　　　　　　　　　　　d)

图4-24　补画支承架左视图的步骤（续）

[例4-3]　如图4-25所示，补画三视图中的漏线。

分析：补齐三个视图的缺口，如图4-26a所示。可以想象，该组合体是长方体被几个不同位置的平面切割而成的，可采用边切割边补线的方法逐个补画出三个视图中的漏线。在补线过程中，要应用"长对正、高平齐、宽相等"的投影规律，特别要注意俯、左视图宽相等及前后对应的投影关系。

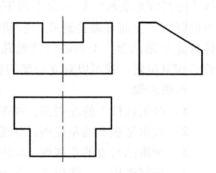

图4-25　补线

作图步骤：

1）从左视图上的斜线可知，长方体被侧垂面切去一角，在主、俯视图中补画相应的漏线，如图4-26b所示。

2）从主视图上的凹槽可知，长方体的上部被一个水平面和两个侧平面开了一个槽，补画俯、左视图中相应的漏线，如图4-26c所示。

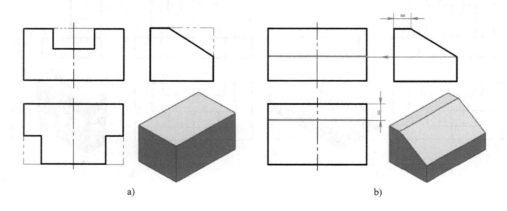

a)　　　　　　　　　　　　　　　b)

图4-26　补线的步骤

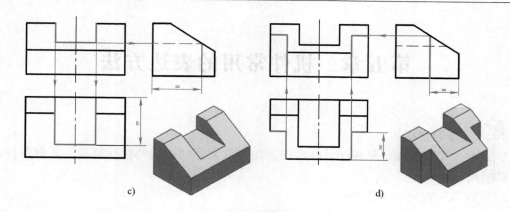

图 4-26 补线的步骤（续）

3）从俯视图可知，长方体前面被两组正平面和侧平面左右对称各切去一角，补全主、左视图中相应的漏线，如图 4-26d 所示。

4）按徒手画出的轴测图检查三视图、描深。

第五章　机件常用的表达方法

【学习目标】

1. 理解并掌握视图、剖视图、断面图、局部放大图的画法和标注规定，了解各种表示方法的应用。

2. 了解常用规定的简化画法。

3. 学会灵活选用相应的表达方法表达简单机件。

4. 进一步提高空间想象力和读绘图能力。

在实际生产中，机件的形状多种多样且复杂程度不同，为使机件的结构形状表达得正确、完整、清晰、简练，便于看图，相关制图国家标准规定了一系列的表达方法。

第一节　视　　图

根据有关国家标准的规定，用正投影法绘制的图形称为视图，主要用来表达机件外部结构形状，一般用粗实线画出机件的可见部分，其不可见部分必要时可用细虚线画出。视图的基本表示法应遵循 GB/T 17451—1998 的规定。

视图分为基本视图、向视图、局部视图和斜视图四种。

一、基本视图

将机件向基本投影面投射所得的视图称为基本视图。

国家标准中规定，正六面体的六个面为基本投影面，为了清晰表达机件上、下、左、右、前、后六个方向的形状，将机件放在正六面体中，分别向六个基本投影面投射，如图 5-1a 所示，即可得到六个基本视图，然后按图 5-1b 规定的方法展开，正投影面不动，其余各基本投影面按箭头所示方向旋转展开，使它们与正投影面在同一个平面内。这六个基本视图的配置及位置关系如图 5-1c 所示，其名称与投射方向规定为：

主视图：由物体前方向后方投射所得到的视图，反之得后视图。

俯视图：由物体上方向下方投射所得到的视图，反之得仰视图。

左视图：由物体左方向右方投射所得到的视图，反之得右视图。

注意：虽然机件可以用六个基本视图表示，但应用时往往根据机件的形状特征和表达需要而定，一般情况下，优先考虑主视图、俯视图和左视图。

二、向视图

在实际绘图中，有时为了合理利用图纸，可以将视图自由配置，这就是向视图。为便于读图，应在向视图的上方用大写拉丁字母标出该向视图的名称（如"*B*"、"*C*"等），并在相应的视图附近用箭头指明投射方向，注上相同的字母，如图 5-2 所示。

注意：表示投射方向的箭头应尽可能配置在主视图上，以使视图与基本视图相一致；表示后视图投射方向的箭头最好配置在左视图或右视图上。

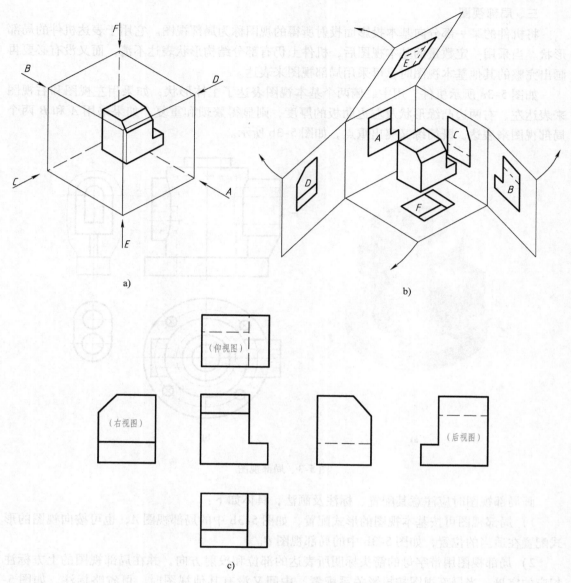

a)

b)

c)

图 5-1 基本视图

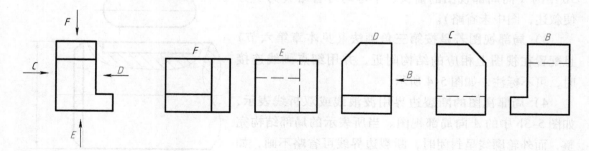

图 5-2 向视图

三、局部视图

将机件的某一部分向基本投影面投射所得的视图称为局部视图。它用于表达机件的局部形状。当采用一定数量的基本视图后,机件上仍有部分结构形状表达不清,而又没有必要再画出完整的其他基本视图时,可采用局部视图来表达。

如图 5-3a 所示机件,用主、俯两个基本视图表达了主体形状,如果用左视图和右视图来表达左、右两边凸缘形状及左边肋板的厚度,则显得繁琐和重复。如果采用 A 和 B 两个局部视图来表达,既简练又突出重点,如图 5-3b 所示。

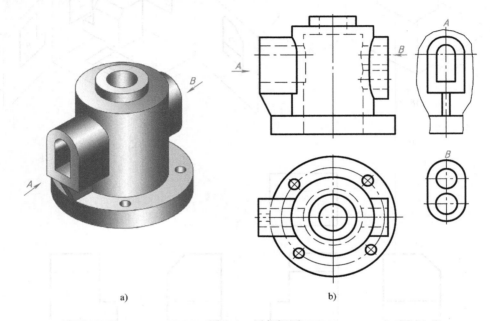

图 5-3 局部视图

画局部视图时应注意其配置、标注及画法,具体如下:

1)局部视图可按基本视图的形式配置,如图 5-3b 中的局部视图 A,也可按向视图的形式配置在适当的位置,如图 5-3b 中的局部视图 B。

2)局部视图用带字母的箭头标明所表达的部位和投射方向,并在局部视图的上方标注相应的字母。当局部视图按投影关系配置,中间又没有其他视图时,可省略标注,如图 5-3b 中的 A 向局部视图的箭头、字母均可省略(为了方便叙述,图中未省略)。

3)局部视图若是按第三角画法(见本章第六节)且配置在视图上相应的结构附近,并用细点画线连接时,可不标注,如图 5-4 所示。

4)局部视图的断裂边界用波浪线或双折线表示,如图 5-3b 中的 A 向局部视图。当所表示的局部结构完整,而外轮廓线呈封闭时,断裂边界线可省略不画,如图 5-3b 中的局部视图 B。

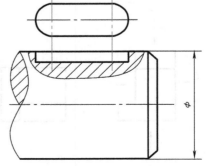

图 5-4 按第三角画法配置的局部视图

四、斜视图

将机件的倾斜部分向不平行于任何基本投影面的平面投射所得的视图称为斜视图。它主要用来表达机件上的倾斜结构的真实形状。

如图 5-5a 所示机件，其倾斜结构在俯视图上不反映实形，给绘图和看图带来困难。此时，可设置一个新的辅助投影面，使其与机件上倾斜的部分平行且垂直于某一基本投影面，然后将倾斜结构向该投影面投射，即可得到反映其实形的斜视图。

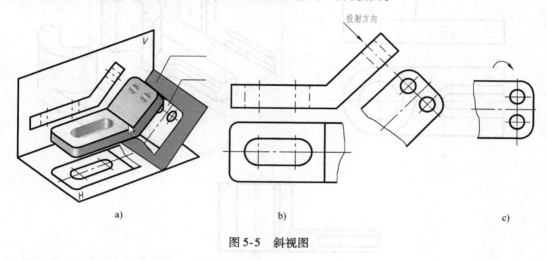

a)　　　　　　　　　　b)　　　　　　　　　　c)

图 5-5　斜视图

斜视图的配置、标注及画法，如图 5-5b 所示。

1）斜视图的配置和标注通常按向视图相应的规定，必要时，允许将斜视图旋转配置，并加注旋转符号和表示该视图名称的大写拉丁字母，如图 5-5c 所示。旋转符号为半圆形，半径等于字体高度。

2）画出机件倾斜部分的实形后，其余部分省略不画。斜视图的断裂边界用波浪线或双折线表示。

注意：表示投射方向的箭头一定要与所指机件表面垂直。

第二节　剖　视　图

用视图表达机件时，机件内部的结构形状都用细虚线表示。如果机件的内部结构比较复杂，视图中会出现较多的细虚线，既不便于画图和读图，也不便于标注尺寸。为了清晰地表达机件的内部形状和结构，可按国家标准规定采用剖视图来表达。

一、剖视图的形成和画法

1. 剖视图的形成

假想用剖切面（平面或曲面）剖开机件，将处在观察者和剖切面之间的部分移去，而将其余部分向投影面投射所得的图形称为剖视图，简称剖视。剖视图的形成过程如图 5-6 所示。

2. 剖视图的画法

（1）确定剖切面的位置　为了表达机件内部的真实形状，剖切平面应尽量通过较多的内部结构（孔、槽等）的轴线或机件的对称平面，并与选定的投影面平行，如图 5-6b 所示。

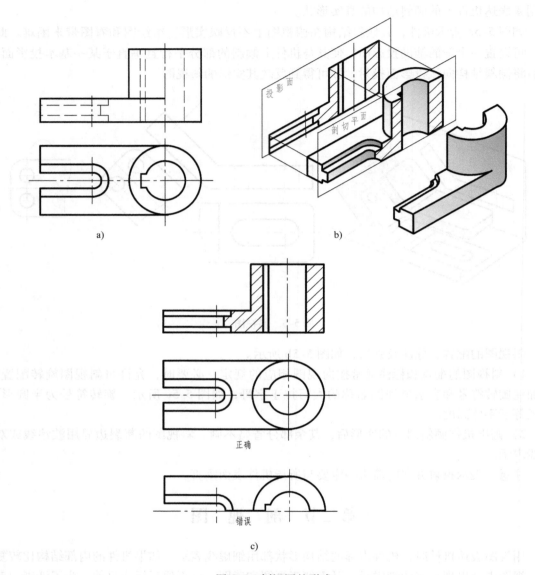

图 5-6　剖视图的形成

（2）画剖视图　如图 5-6b 所示，移去机件的前半部分，将机件的后半部分向正立面投射，得到一个剖视图。

画剖视图时应注意以下几点：

1）剖视图是假想剖切画出的，所以凡是与其相关的视图仍应保持完整。如图 5-6c 所示，虽然主视图作了剖视，但俯视图仍应完整画出，不能只画一半。

2）剖视图中，内外轮廓要画齐。剖开机件后，处在剖切平面之后的所有可见轮廓都应画齐，不得遗漏。表 5-1 中列举了几种容易漏画内、外可见轮廓线的剖视图实例。

表 5-1　剖视图中易漏画的线

立　体　图	正	误
	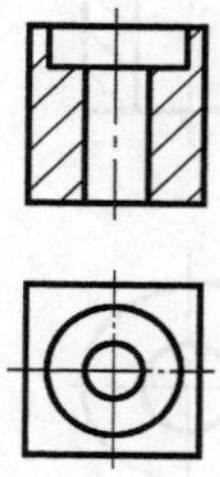	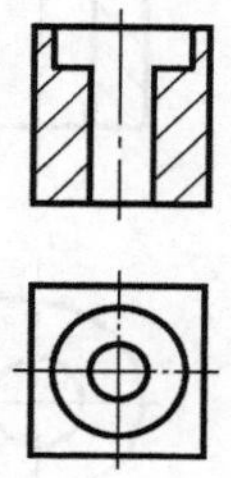
	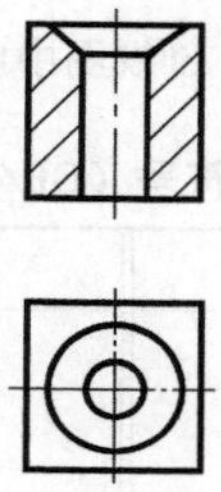	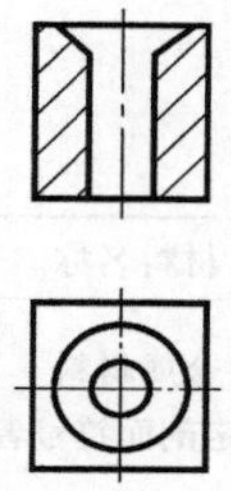
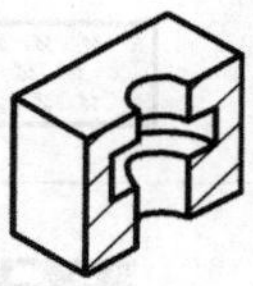	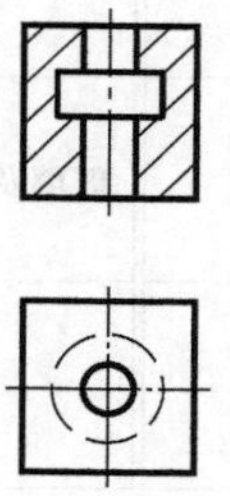	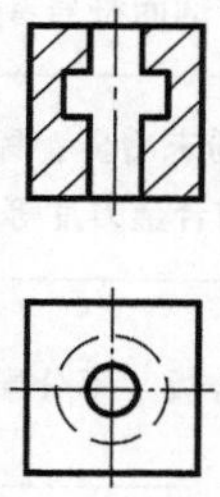
	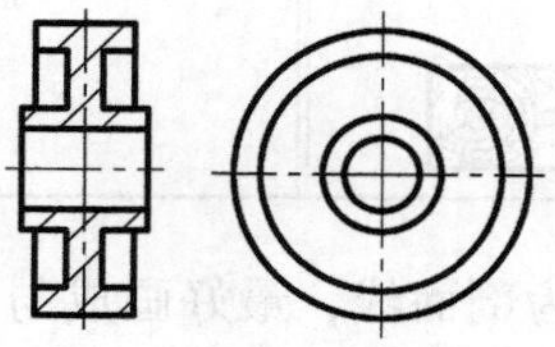	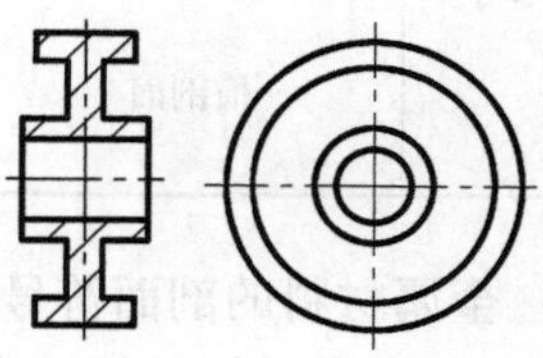

　3）如果零件的结构形状在剖视图和其他视图中已表达清楚，一般不画虚线。在不影响剖视图清晰又可减少视图时，可画少量虚线。如图 5-7 所示，为了表达凸台的高度，在主视图中画出了表示凸台上表面的虚线。

　（3）画剖面符号　剖视图中，剖切面与机件的接触部分（即断面图形内）应画出与材料相应的剖面符号。国家标准规定了各种材料的剖面符号，见表 5-2。

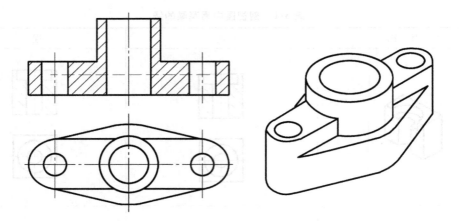

图 5-7 剖视图中虚线的处理

表 5-2 剖面符号 （GB/T 4457.5—1984）

材料名称	剖面符号	材料名称	剖面符号
金属材料 （已有规定剖面符号者除外）		线圈绕组元件	
非金属材料 （已有规定剖面符号者除外）		转子、变压器等的叠钢片	
型砂、粉末冶金、陶瓷、 硬质合金刀片等		玻璃及供观察用的其他透明材料	
木质胶合板（不分层数）		格网 （筛网、过滤网等）	
木材	纵剖面	液体	
	横剖面		

金属材料的剖面符号通常称为剖面线，最好画成与主要轮廓线或剖面区域的对称线成45°、间隔均匀的平行细实线，向左或向右倾斜均可。国家标准规定，将平行细实线称为通用剖面线，在不需要表示材料类别时可采用；零件图中允许用涂色代替剖面线。同一机械图样中的同一零件的剖面线方向与间距必须一致。在主要轮廓线与水平方向成45°或接近45°的剖视图中，剖面线应画成与水平方向成30°或60°，但倾斜方向要和其他剖视图的剖面线方向相近，如图5-8所示。

（4）剖视图的配置 剖视图一般按投影关系配置，如图5-6c所示的主视图和图5-9中的A—A剖视。必要时可将剖视图配置在其他适当位置，如图5-9中的B—B剖视。

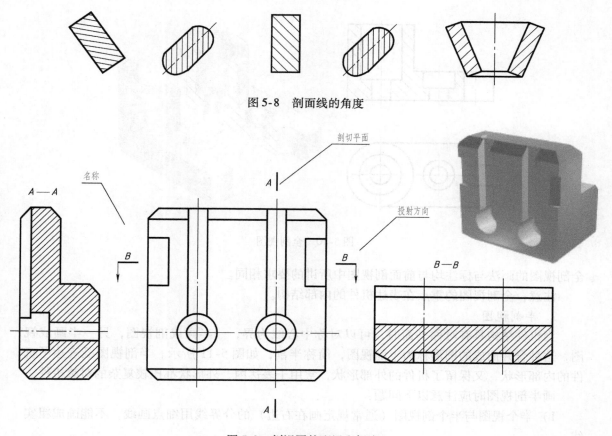

图5-8　剖面线的角度

图5-9　剖视图的配置和标注

（5）剖视图的标注　为了读图时便于找出投影关系，剖视图一般要标注剖切平面的位置、投射方向和剖视图名称，如图5-9所示。剖切平面的位置用带有字母的粗实线标记，它不能与视图的轮廓线相交。

一般情况下，剖视图的标注要标齐上述三要素，在下列情况下允许部分省略或全部省略：

1）当剖视图按投影关系配置，中间又没有其他图形隔开时，可省略箭头，如图5-9中的 A—A 剖视。

2）当剖切平面通过零件的对称平面或基本对称的平面，而剖视图按投影关系配置，中间又没有其他图形隔开时，可省略一切标注，如图5-6、图5-7所示。

上述剖视图的标注及省略标注的规定，原则上适用于下面介绍的各种剖视图。

二、剖视图的种类及应用

根据剖切范围的大小，剖视图可分为全剖视图、半剖视图和局部剖视图。

1. 全剖视图

用一剖切面完全地剖开机件所得的图形称为全剖视图，简称全剖，如图5-6、图5-7、图5-9、图5-10所示均为全剖。全剖一般适用于内部结构比较复杂的不对称机件和外形简单的对称机件。

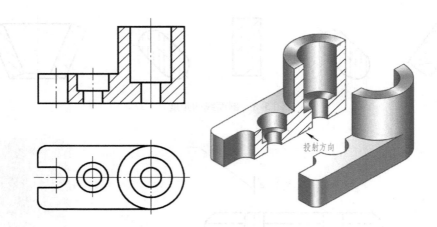

图 5-10　全剖视图

全剖视图的画法与标注均与前面剖视图中所讲的要求相同。

注意：全剖视图的重点在表达机件的内部结构。

2. 半剖视图

当机件结构具有对称平面时，可以对称中心线为界，一半画成剖视图，另一半画成视图，这种合并而成的图形称为半剖视图，简称半剖，如图 5-11 所示。半剖视图既表达了机件的内部形状，又保留了机件的外部形状，常用于表达内、外形状都比较复杂的对称机件。

画半剖视图时应注意以下问题：

1）半个视图与半个剖视图（通常规定画在右边）的分界线用细点画线，不能画成粗实线。

2）如果机件的内部结构在半个剖视图中已经表达清楚，那么在半个视图中则不必再画出虚线。

3）当机件的形状接近于对称，且不对称部分另有图形表达清楚时，也可以画成半剖视，如图 5-12 所示，但当机件的对称中心线上有轮廓线重合时，不能用半剖视图来表达，如图 5-13a 所示。

4）半剖视图的标注与剖视图的标注相同。

3. 局部剖视图

将机件局部地剖开后所得的图形，称为局部剖视图，简称局部剖，如图 5-14 所示。

局部剖视图既能把机件的内部形状表达清楚，又能保留机件的部分外形，且其范围大小可根据需要而定，表达起来比较灵活，如图 5-11c 所示的主视图中的两处小孔。而如图5-13 所示的机件，虽然左右、上下对称，但由于俯视图的对称中心线正好与方孔轮廓线重合而不宜作半剖视时，应采用局部剖视图。这样，既表达了中间方孔内部的轮廓线，又保留了机件的部分外形。

画局部剖视图时需注意以下问题：

1）视图与剖视图的分界线可以用波浪线，应画在机件的实体上，不能超出实体轮廓线，不能画在机件的中空处（见图 5-15a），不能画在轮廓线的延长线上，也不能用轮廓线代替，或与图样上其他图线重合（见图 5-15b）。

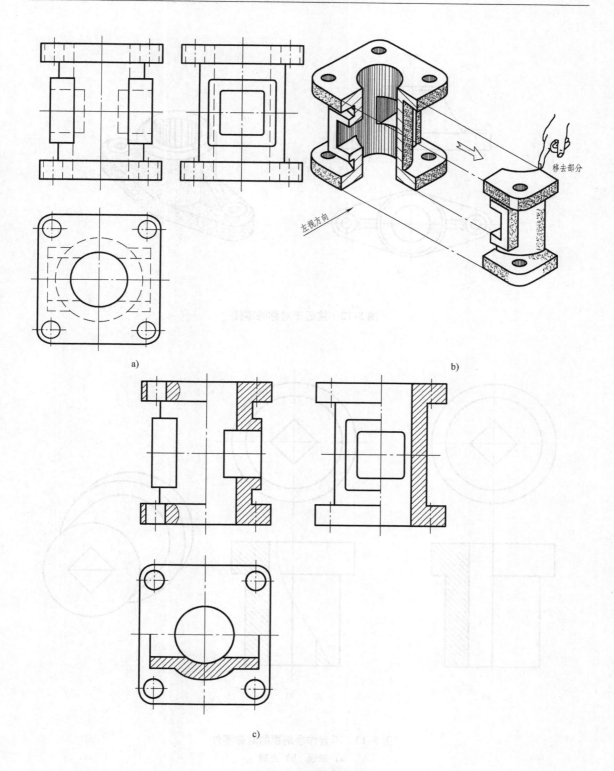

a)

b)

左视方向

移去部分

c)

图 5-11 半剖视图

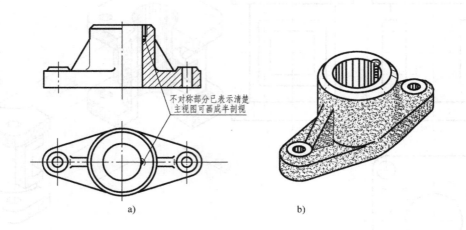

不对称部分已表示清楚
主视图可画成半剖视

a)　　　　　　　b)

图 5-12　接近于对称的零件

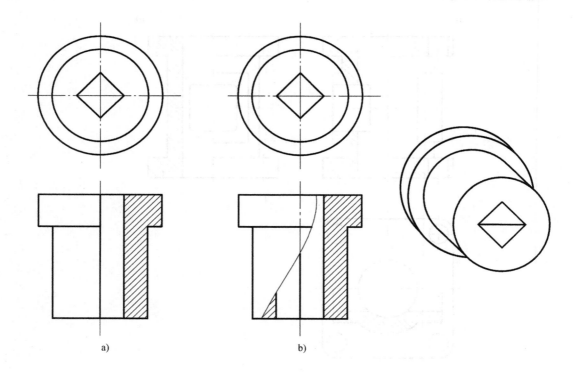

a)　　　　　　　b)

图 5-13　不宜作半剖视的对称零件
a）错误　b）正确

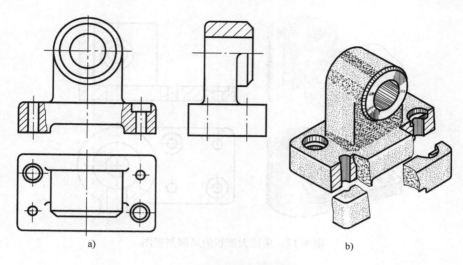

图 5-14　局部剖视图

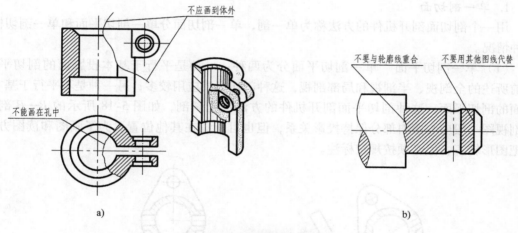

图 5-15　波浪线的错误画法

局部剖视图也可用双折线分界，如图 5-16 所示。

2）一个视图中，局部剖视图的数量不宜过多，在不影响外形表达的情况下，可采用大面积的局部剖视图，以减少局部剖视图的数量，如图 5-17 所示。

3）当被剖结构为回转体时，允许将该结构的中心线作为局部剖视图与视图的分界线，如图 5-14a 左视图所示。

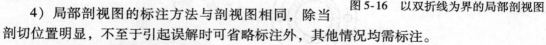

图 5-16　以双折线为界的局部剖视图

4）局部剖视图的标注方法与剖视图相同，除当剖切位置明显，不至于引起误解时可省略标注外，其他情况均需标注。

三、剖切面与剖切方法

由于机件的内部结构形状各不相同，常需选用不同数量和位置的剖切面来剖开机件，才能把机件的内部形状表达清楚。国家标准规定，根据机件的结构特点，可选择以下剖切面：

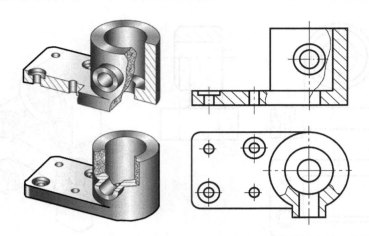

图 5-17　采用大面积的局部剖视图

单一剖切面、几个平行的剖切平面、几个相交的剖切面。

1. 单一剖切面

用一个剖切面剖开机件的方法称为单一剖，单一剖切面分单一剖切平面和单一剖切柱面两种情况。

（1）单一剖切平面　单一剖切平面分为两种：一种是平行于基本投影面的剖切平面，如前所述的全剖视、半剖视和局部剖视，这种剖切形式应用较多；另一种是不平行于基本投影面的剖切平面，这种剖切平面剖开机件的方法称为斜剖，如图 5-18 所示的 *B—B* 剖视。斜剖视图一般应与倾斜部分保持投影关系，但也可配置在其他位置。为了画图和读图方便，可把图形转正，但必须按规定标注。

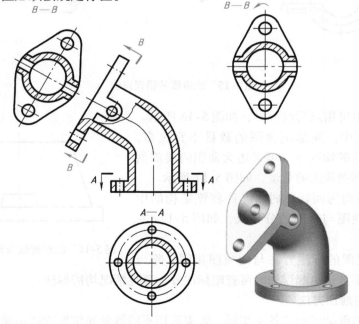

图 5-18　单一剖切平面

（2）单一剖切柱面   如图5-19所示，为了准确表达圆周上分布的孔的结构，应采用柱面剖切，再采用展开画法画出其展开图。

2. 几个平行的剖切平面

当机件有位于几个平行平面上的内部结构时，可以用几个平行的剖切平面来剖切表达。如图5-20所示轴承挂架，需要采用两个平行的剖切平面将机件剖开，才能将机件上、下部分的内部结构表达清楚。画这种剖视图时应注意以下几点：

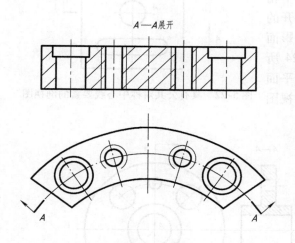

图5-19 单一剖切柱面

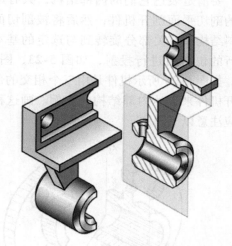

图5-20 轴承挂架的剖开

1）各剖切平面的转折处不应与机件轮廓线重合，如图5-21主视图的剖切面 B 所示。

2）不应画出剖切平面转折处的投影，如图5-21b所示。

3）剖视图中一般不应出现不完整的结构要素，如图5-21c所示。但当两个要素在图形上具有公共对称中心线或轴线时，可以对称中心线或轴线为界，各画一半，如图5-22所示。

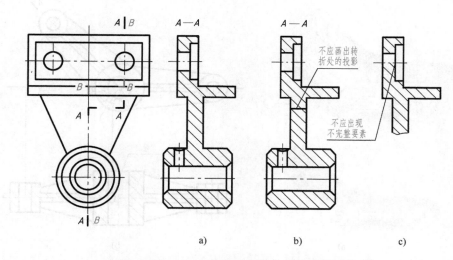

图5-21 用两个平行剖切平面剖切时剖视图的画法

4）必须在相应视图上用剖切符号表示剖切位置，在剖切平面的起讫和转折处注写相同字母，并在相应的剖视图上用相同字母标出名称"×—×"，如图5-21所示。

3. 几个相交的剖切面

当机件为盘盖类或具有公共旋转轴线的零件时，要清楚表达它们的内部结构，只有用两个相交的剖切平面剖开机件，然后将被剖切面剖开的倾斜结构及有关部分旋转到与选定的基本投影面平行的位置再进行投射，如图5-23、图5-24所示。如图5-25所示机件是用三个相交的剖切平面剖开机件来表达内部结构的实例。画这种剖视图时应注意以下问题：

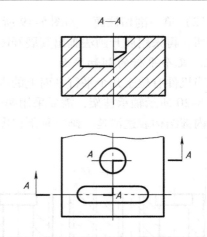

图5-22　具有公共对称中心线要素的剖视图

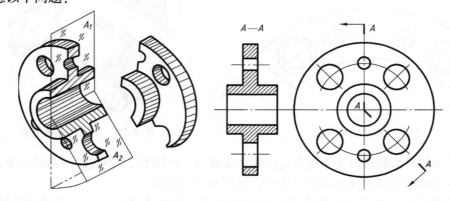

图5-23　用两相交剖切平面剖切时剖视图的画法

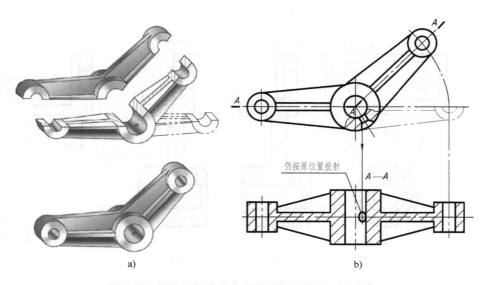

图5-24　用相交剖切面剖切时未剖到部分仍按原位置投射

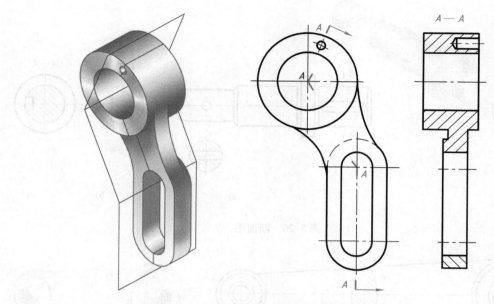

图 5-25　用三个相交剖切平面剖切时的剖视图

1）相邻两剖切平面的交线应垂直于某一基本投影面，一般应与机件的轴线重合。

2）应先剖切后旋转。旋转部分的某些结构与原图形不再保持投影关系，如图 5-24 所示机件中倾斜部分的剖视图。但是位于剖切面后的其他结构一般仍应按原位置投射，如图 5-24 中的小圆孔。

3）采用这种方法剖开机件后，必须对剖视图及相应视图进行标注，其标注方法基本与"几个平行的剖切平面"相同，如图 5-24b 所示。当转折处空间狭小又不致引起误解时，转折处允许省略字母。

第三节　断　面　图

一、断面图的概念

假想用剖切面将机件的某处切断，仅画出该剖切面与物体接触部分的图形，称为断面图，简称断面，如图 5-26 所示。

断面图与剖视图的不同之处是：断面图仅仅画出被剖切面切断的断面形状，而剖视图不仅要画出断面形状，一般还要画出剖切面后的可见轮廓线，如图 5-26b、图 5-26c 所示。

断面图主要用来表达机件上某些部分的断面形状（如键槽、肋、轮辐、小孔）及各种细长杆件和型材的断面形状等，如图 5-27 所示。

根据配置位置的不同，断面图可分为移出断面图和重合断面图两种。

二、移出断面图

画在视图轮廓之外的断面图称为移出断面图。

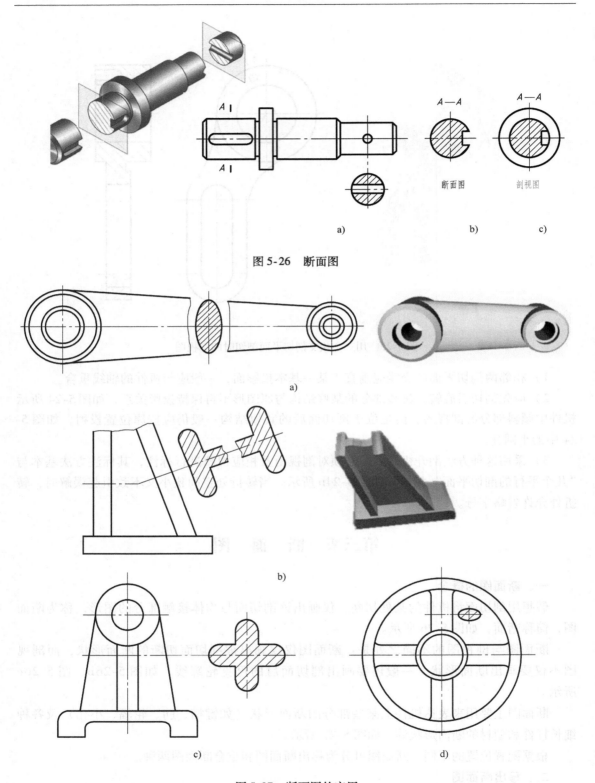

图 5-26　断面图

图 5-27　断面图的应用

1. 移出断面图的画法

移出断面图的画法规定如下：

1）轮廓线用粗实线绘制。

2）断面图形状对称时，可画在视图的中断处，如图 5-27a 所示。

3）两个或多个相交的剖切平面剖切得出的移出断面，中间一般应断开，如图 5-27b 所示。

4）在以下两种情况下，按剖视画：①剖切平面过由回转面（圆柱面、圆锥面、球面等）形成的孔或凹坑的轴线，如图 5-26a、图 5-28a、图 5-28d 所示；②剖切平面通过非圆孔，导致出现完全分离的断面时，如图 5-28c、图 5-29 所示。

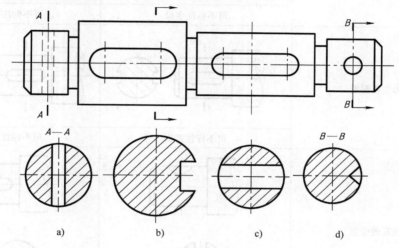

图 5-28　移出断面的画法（一）

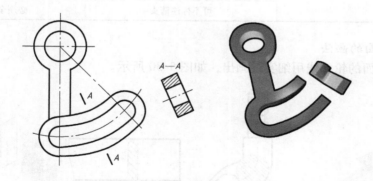

图 5-29　移出断面的画法（二）

2. 移出断面图的标注

移出断面图的配置和标注见表 5-3。

三、重合断面

画在视图轮廓之内的断面图称为重合断面。

表 5-3　移出断面图的配置和标注

配 置 位 置	断面图对称	断面图不对称
配置在剖切符号的延长线上	剖切线	
	可不标注字母	可不标注字母
按投影关系配置	A　　　$A—A$ 　A	A　　　$A—A$ 　A
	可不标注箭头	可不标注箭头
配置在其他位置	A　A　$A—A$	A　$A—A$
	可不标注箭头	必须全部标注

1. 重合断面的画法

1）重合断面的轮廓线用细实线画出，如图 5-30 所示。

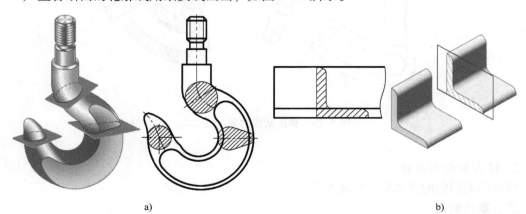

a)　　　　　　　　　　　　　　　　　b)

图 5-30　重合断面图

2）当视图中的轮廓线与重合断面的图形重叠时，视图中的轮廓线仍需完整地画出，不能间断，如图 5-30b 所示。

2. 重合断面的标注

一般情况下，重合断面图不需标注。

第四节　局部放大图和简化画法

一、局部放大图

将机件的部分结构用大于原图的比例画出的图形，称为局部放大图。当机件上某些局部细小结构在视图上表达不够清楚又不便于标注尺寸时，可将该部分结构用局部放大图来表示，如图 5-31 所示。

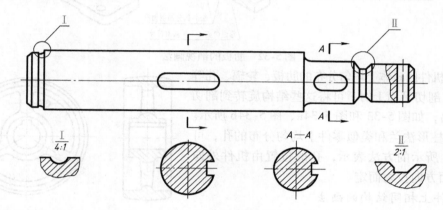

图 5-31　局部放大图

画局部放大图时应注意以下问题：

1）局部放大图可以画成视图、剖视图和断面图，与被放大部分的表达方式无关。如图 5-31 所示，Ⅰ、Ⅱ部分的放大图为剖视图，但原图形中这两部分均为外形视图。

2）绘制局部放大图，必须予以标注，如图 5-31 所示：①应在视图上用细实线圈出被放大部位（螺纹牙型和齿形除外），并将局部放大图配置在被放大部位的附近；②当同一机件上有几个被放大的部分时，应用罗马数字编号，并在局部放大图上方注出相应的罗马数字和所采用的比例；③在局部放大图上方标注所用的比例，即被放大部分的图形大小与实物大小的比值，与原图比例无关。

二、简化画法

为方便画图和读图，在《机械制图》国家标准中，对某些结构规定了一些简化画法，现将常用的介绍如下：

1. 有关肋板、轮辐等结构的画法

1）当机件上的肋板、轮辐及薄壁等，按纵向剖切（即剖切平面通过它们的对称平面）时，这些结构都不画出剖面符号，而用粗实线将它们与其相邻接部分分开，如图 5-32 中的肋板和图 5-33 中的轮辐画法；按横向剖切时，这些结构就必须画上剖面符号，如图 5-32 俯视图中肋板的画法。

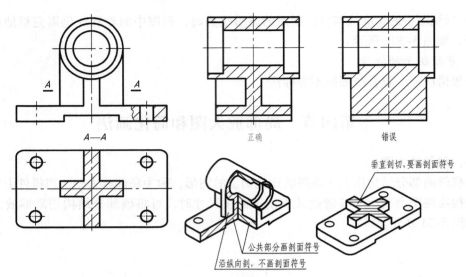

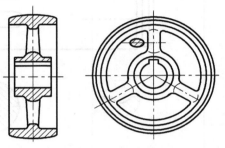

图 5-32　肋板的剖视画法

2）当机件回转体上均匀分布的肋板、轮辐、孔等结构不处在剖切平面上时，可将这些结构旋转到剖切平面上画出，如图 5-33 和图 5-34a、图 5-34b 所示。

3）圆柱形法兰和类似零件上均匀分布的孔，可按图 5-34c 所示的方法表示，孔的位置由机件外向该法兰端面方向投射而定。

2. 机件上相同结构的画法

1）当机件具有若干直径相同且成规律分布的孔（圆孔、螺孔、沉孔等），可以只画一个或几个，其余用细点画线表示其中心的位置，如图 5-35 所示。

图 5-33　轮辐的剖视画法

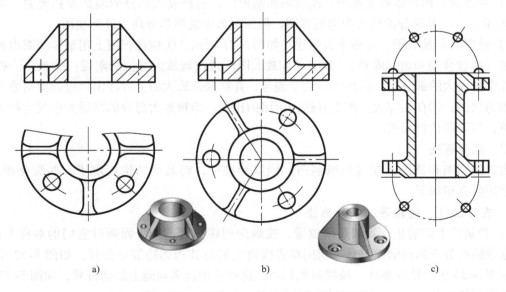

a)   b)   c)

图 5-34　回转体上均匀分布结构的剖视画法

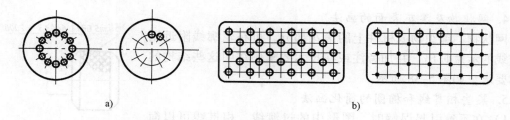

图5-35　相同结构要素的画法（一）

2）当机件上具有若干相同结构（齿、槽等），并按一定规律分布时，只需画出几个完整的结构，其余用细实线连接，并在图中注明该结构的总数，如图5-36所示。

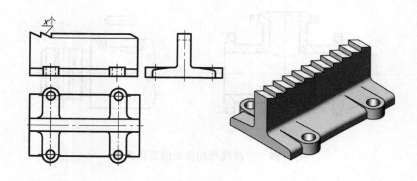

图5-36　相同结构要素的画法（二）

3. 较长机件的折断画法

较长机件（轴、杆、型材、连杆）沿其长度方向的形状一致或按一定规律变化时，可断开后缩短绘制，折断线一般采用波浪线、双点画线或双折线，但尺寸仍按机件的设计要求标注，如图5-37所示。

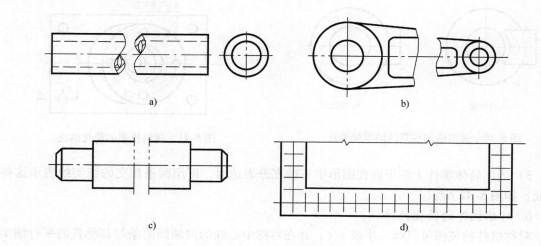

图5-37　较长机件的折断画法

4. 网状物及滚花表面的画法

网状物、编织物或机件上的滚花部分，可在轮廓线附近用粗实线的示意画出，并加旁注或在技术要求中注明这些结构的具体要求，如图5-38所示。

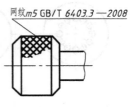

图5-38　滚花的局部表示

5. 某些相贯线和椭圆的简化画法

1）在不致引起误解时，图形中的过渡线、相贯线可以简化，如图5-39a、图5-39b所示；也可采用模糊画法表示相贯线，如图5-40所示。

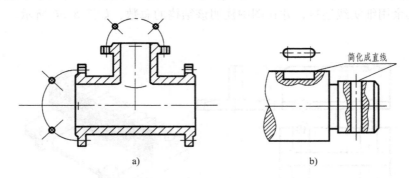

a)　　　　　　　　　　　　b)

图5-39　过渡线和相贯线的简化画法

2）与投影面倾斜角度小于或等于30°的圆或圆弧，其投影可用圆或圆弧代替真实投影的椭圆，如图5-41所示。

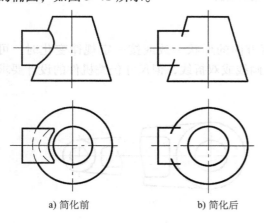

a) 简化前　　　　　　　b) 简化后

图5-40　过渡线和相贯线的模糊画法

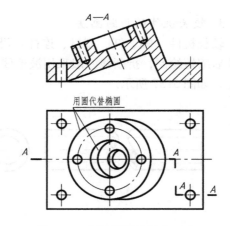

图5-41　倾斜投影的简化画法

3）当回转体零件上的平面在图形中不能充分表达时，可用两条相交的细实线表示这些平面，如图5-42所示。

6. 对称机件的简化画法

对称机件的视图可只画一半或1/4，并在对称中心线的两端画两条与其垂直的平行细实线，如图5-43所示。

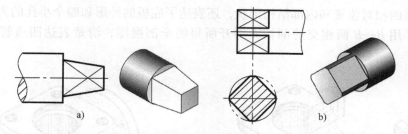

图 5-42　回转体上平面的简化画法

7. 机件上较小结构的简化画法

1）当机件上较小的结构及斜度和锥度等已在一个图形中表达清楚时，其他图形应简化或省略，如图 5-44 所示。

2）除需要表示的某些结构圆角外，其他圆角在零件中均可不画，但必须注明尺寸，或在技术要求中加以说明，如图 5-45 所示。

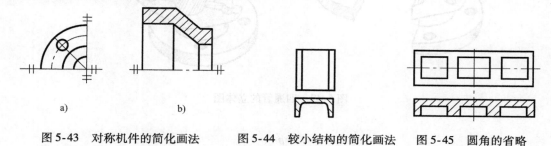

图 5-43　对称机件的简化画法　　　　图 5-44　较小结构的简化画法　　　　图 5-45　圆角的省略

第五节　表达方法综合应用举例

前面介绍了视图、剖视图、断面图、局部放大图、简化画法等表示法，每种表示法都有各自的特点和适用范围。在表达机件时，应根据它的结构特点，以完整、清晰表达机件结构形状为目的，首先要考虑看图方便，其次要使作图简便，选择一个最合适的表达方案。

[**例5-1**]　根据图 5-46 所示四通管的主、俯视图，重新选择合适的表达方案。

形体分析：四通管由正方形顶板、圆形底板、中间圆筒、左上部圆形凸缘、右前方菱形凸缘五部分组成。顶板、底板、圆形凸缘上均有四个连接用的小孔，菱形凸缘有两个连接用的小孔，圆筒分别与圆形凸缘、菱形凸缘间有孔相通，其内外结构形状多为回转体，比较复杂。

方案分析：如图 5-47、图 5-48 所示，俯视图采用 *A—A* 两平行的剖切平面剖开所得的全剖视图，着重表

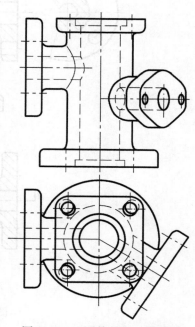

图 5-46　四通管的主、俯视图

达左、右管道的相对位置和内部结构形状，还表达了底板的外形和四个小孔的大小及分布情况；主视图采用 *B—B* 两相交的剖切面剖开所得的全剖视图，清楚表达四通管内通道的结

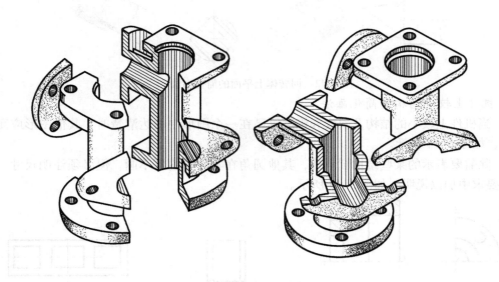

图 5-47　四通管的立体图

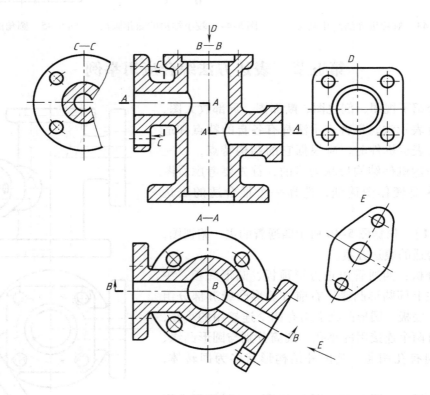

图 5-48　四通管的表达方案

构；*C—C* 剖视图表达左上部凸缘的形状和小孔的大小和位置；*D* 向局部视图表达了顶板形状和四个小孔的外形和分布；*E* 向斜视图表达了右前方菱形凸缘的真实形状和三个小孔的大小和位置。

[例5-2] 根据图5-49所示的支架立体图，选择合适的表达方案。

形体分析：支架由上部带通孔的圆柱、中间十字肋板和下部斜板三部分组成。

方案分析：主视图表达圆柱、肋板、斜板的外形及相互间的位置，采用两处局部剖，分别表达了圆柱的通孔和斜板小孔的内部结构；局部视图表达圆柱与肋板的相对位置；移出断面图表达十字肋板的截断面形状；旋转的斜视图表达斜板的实际形状及其与十字肋板的相对位置，如图5-50所示。

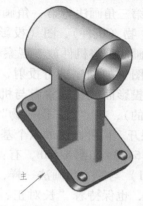

图5-49 支架立体图

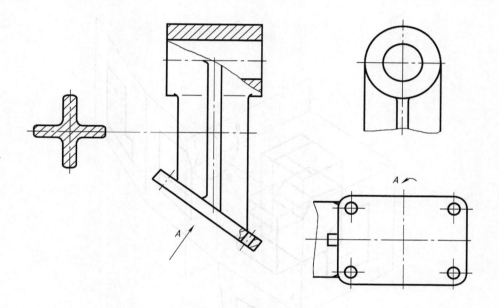

图5-50 支架的表达方案

第六节 第三角画法

一、八分角的形成

三个互相垂直的投影面将空间分为八个部分，每个部分为一个分角，依次为 Ⅰ～Ⅷ 分角，如图5-51所示。机件放在第一分角表达的，称为第一角画法；放在第三角表达的，称为第三角画法。

国家标准规定：技术图样应采用正投影法绘制，并优先采用第一角画法，必要时允许使用第三角投影的画法。我国采用第一角画法，但是，美国、日本等国家则采用第三角画法。

二、第三角画法和第一角画法的区别

第三角画法与第一角画法的根本区别在人（观察者）、物（机件）、图（投影面）的位置关系不同。第一角画法是将机件放在观察者与投影面之间，按"人—物—图"的顺序进行投射，然后展开；而第三角画法是将投影面放在观察者与机件之间（把投影面看做是透明的），按"人—图—物"的顺序进行投射，按图5-52展开。两种画法的六个基本视图如图5-53所示，对比图5-53a和图5-53b，有：

1）与第一角画法一样，第三角画法也有六个基本视图，也保持着"长对正、宽相等、高平齐"的投影规律。

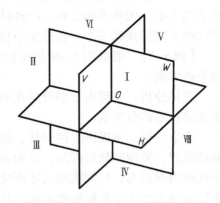

图 5-51　八个分角

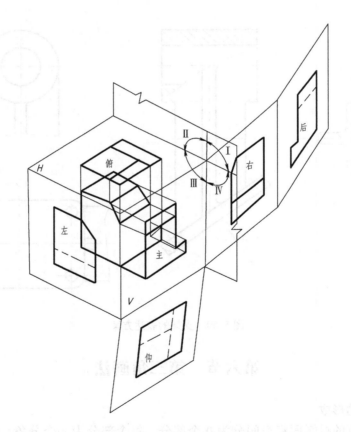

图 5-52　六个基本视图的展开

2）投影面的展开方向不同，第一角画法和第三角画法的基本视图配置关系也有所不同。第三角画法的左、俯视图分别与第一角画法的右、仰视图的位置对换。

三、第三角画法和第一角画法的识别符号

采用第一角画法时，图样中一般不必画出识别符号；采用第三角画法时，必须在图样中

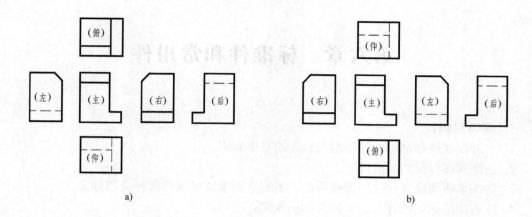

图 5-53　两种画法的基本视图

a）第三角画法　b）第一角画法

画出识别符号，但当同一单位采用两种画法时，必须分别标出两种识别符号，如图 5-54 所示。

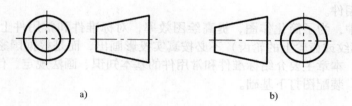

图 5-54　识别符号

a）第三角画法识别符号　b）第一角画法识别符号

第六章 标准件和常用件

【学习目标】

1. 了解标准件和常用件的作用及有关的基本知识。
2. 熟练掌握螺纹的画法规定。
3. 熟练掌握螺纹紧固件的连接画法，了解常用螺纹紧固件的种类和标记。
4. 熟悉螺纹标记的含义，掌握其标注规定。
5. 熟悉圆柱齿轮及其啮合画法的规定。
6. 了解键、销、滚动轴承、弹簧的画法规定及图示特点。

在各种机器设备中，应用最广泛的是螺栓、螺母、螺钉、垫圈、键、销和滚动轴承等，这些零部件由于应用广、用量大，为了便于大批量生产，它们的结构和尺寸均已标准化，称为标准件。此外，在机器中还广泛使用齿轮、弹簧等零件，这类零件的部分结构和参数也已标准化，称为常用件。

在机械图样中，为了简化作图，提高绘图效率，对标准件和常用件上的某些结构要素（如紧固件上的螺纹或齿轮上的轮齿）不必按真实投影画出，而是根据国家标准所规定的简化画法进行绘图。本章主要介绍标准件和常用件的基本知识、画法规定、代号和标记，为绘制和识读零件图、装配图打下基础。

第一节 螺 纹

一、螺纹的基本知识

1. 螺纹的形成

螺纹是在圆柱或圆锥表面上，沿螺旋线所形成的具有相同断面形状的连续凸起和沟槽。

螺纹是零件上常见的结构。在圆柱或圆锥外表面上形成的螺纹称为外螺纹，在内表面上形成的螺纹称为内螺纹。

螺纹的加工方法很多。实际生产中通常是在车床上加工的，工件等速旋转，车刀沿轴向等速移动，即可加工出螺纹，如图6-1所示。

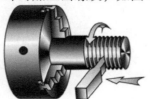

图6-1 车削螺纹

用板牙或丝锥加工直径较小的螺纹，俗称套螺纹或攻螺纹，如图6-2所示。

2. 螺纹的结构要素

（1）牙型 在通过螺纹轴线的断面上，螺纹的轮廓形状称为螺纹牙型。常见的螺纹牙型

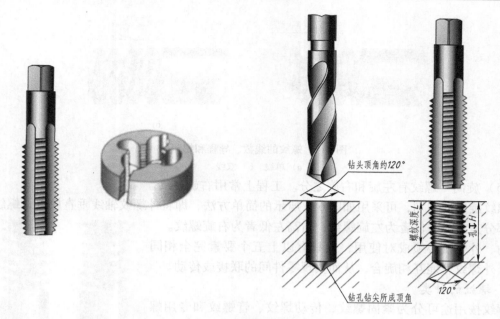

钻头顶角约120°

螺纹深度 L

孔工 H

钻孔钻尖所成顶角

120°

图 6-2　套螺纹或攻螺纹

有三角形、梯形、锯齿形和矩形等，其中矩形螺纹尚未标准化，其余牙型的螺纹均为标准螺纹。

（2）直径　螺纹的直径有大径、小径和中径之分，如图 6-3 所示。

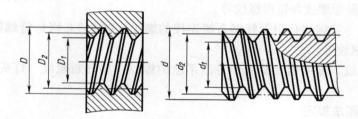

图 6-3　螺纹直径

1）大径（D、d）。是指与外螺纹牙顶或内螺纹牙底相重合的假想圆柱或圆锥的直径（即螺纹的最大直径）。内、外螺纹的大径分别用 D 和 d 表示。螺纹的公称直径一般是指螺纹大径。

2）小径（D_1、d_1）。是指与外螺纹牙底或内螺纹牙顶相重合的假想圆柱或圆锥的直径（即螺纹的最小直径）。内、外螺纹的小径分别用 D_1 和 d_1 表示。

3）中径（D_2、d_2）。是指母线通过牙型上沟槽和凸起宽度相等处的假想圆柱或圆锥的直径。内、外螺纹的中径分别用 D_2 和 d_2 表示。

（3）线数（n）　螺纹有单线和多线之分。沿一条螺旋线形成的螺纹称为单线螺纹，如图 6-4a 所示；沿两条或两条以上在轴向等距分布的螺旋线形成的螺纹称为多线螺纹，如图 6-4b 所示为双线螺纹。

（4）螺距（P）和导程（Ph）　螺距是指相邻两牙在中径线上对应两点间的轴向距离；导程是指同一条螺旋线上相邻两牙在中径线上对应两点间的轴向距离，如图 6-4 所示。螺距与导程的关系为：$Ph = nP$。显然，单线螺纹的导程与螺距相等。

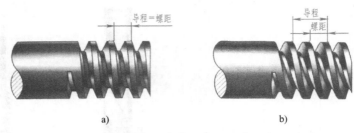

图 6-4　螺纹的线数、导程和螺距

a）单线　b）双线

（5）旋向　螺纹有左旋和右旋之分。工程上常用右旋螺纹。

螺纹旋向的判别，可采用如图 6-5 所示的简单方法，即将外螺纹轴线垂直放置，螺纹的可见部分是左高右低者为左旋螺纹；右高左低者为右旋螺纹。

内、外螺纹必须成对使用，但只有以上五个要素完全相同的内、外螺纹才能互相旋合，从而实现零件间的联接或传动。

3. 螺纹的种类

螺纹按用途可分为紧固螺纹、传动螺纹、管螺纹和专用螺纹四类。

（1）紧固螺纹　紧固螺纹是用来联接零件的螺纹，如应用最广的普通螺纹。

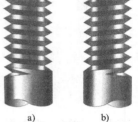

图 6-5　螺纹的旋向

a）左旋螺纹　b）右旋螺纹

（2）传动螺纹　传动螺纹是用来传递运动和动力的螺纹，如梯形螺纹、锯齿形螺纹和矩形螺纹等。

（3）管螺纹　管螺纹是用于管路系统连接的螺纹，如 55°非密封管螺纹、55°密封管螺纹和 60°密封管螺纹等。

（4）专用螺纹　专用螺纹是用于专门用途的螺纹，如气瓶螺纹、灯头螺纹、自攻螺纹和航空螺纹等。

二、螺纹的画法规定

螺纹属于标准结构要素，如按真实投影绘制将会非常繁琐，为此，国家标准《机械制图螺纹及螺纹紧固件表示法》（GB/T 4459.1—1995）中规定了螺纹的画法，见表 6-1。

表 6-1　螺纹的画法规定

名称	画 法 规 定	说 明
外螺纹	（图示）	1. 牙顶线（大径）用粗实线表示；牙底线（小径）用细实线表示（$d_1 \approx 0.85d$），并画入倒角内 2. 在投影为圆的视图中，表示牙底（小径）的细实线圆只画约 3/4 圈；倒角圆省略不画 3. 螺纹终止线用粗实线表示

（续）

名称	画法规定	说明
内螺纹	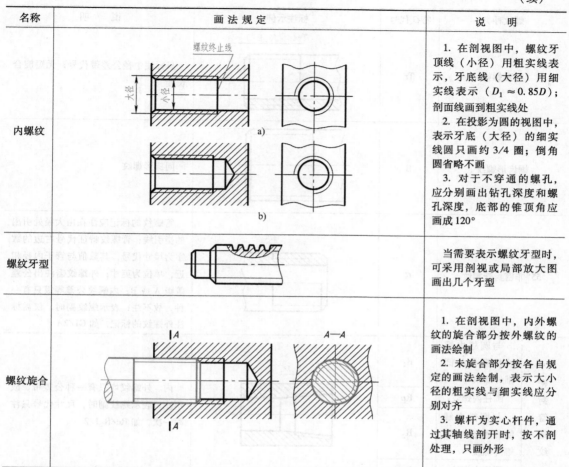	1. 在剖视图中，螺纹牙顶线（小径）用粗实线表示，牙底线（大径）用细实线表示（$D_1 \approx 0.85D$）；剖面线画到粗实线处 2. 在投影为圆的视图中，表示牙底（大径）的细实线圆只画约 3/4 圈；倒角圆省略不画 3. 对于不穿通的螺孔，应分别画出钻孔深度和螺孔深度，底部的锥顶角应画成 120°
螺纹牙型		当需要表示螺纹牙型时，可采用剖视或局部放大图画出几个牙型
螺纹旋合		1. 在剖视图中，内外螺纹的旋合部分按外螺纹的画法绘制 2. 未旋合部分按各自规定的画法绘制，表示大小径的粗实线与细实线应分别对齐 3. 螺杆为实心杆件，通过其轴线剖开时，按不剖处理，只画外形

三、螺纹的标注

由于各种螺纹的画法相同，所以为了便于区别螺纹的种类以及表示螺纹的牙型、螺距、线数和旋向等结构要素，必须按规定的标记在图样中对螺纹进行标注，见表 6-2。

表 6-2 常用标准螺纹标注示例

螺纹种类		特征代号	标注示例	说明
普通螺纹	粗牙	M		螺纹的标记应注在大径的尺寸线上或其引出线上；粗牙不注螺距；左旋时尾加"—LH"（下同）；中等公差精度（如 6H、6g）不注公差带代号；中等旋合长度不注 N（下同）；多线时注出 Ph（导程）和 P（螺距）
	细牙		*M16×Ph3P1.5−5g6g−L−LH*	

（续）

螺纹种类		特征代号	标注示例	说　明
梯形螺纹		Tr	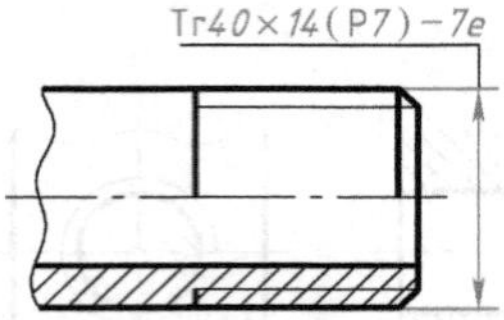 *Tr40×14(P7)—7e*	只标注中径公差带代号；无短旋合长度
锯齿形螺纹		B	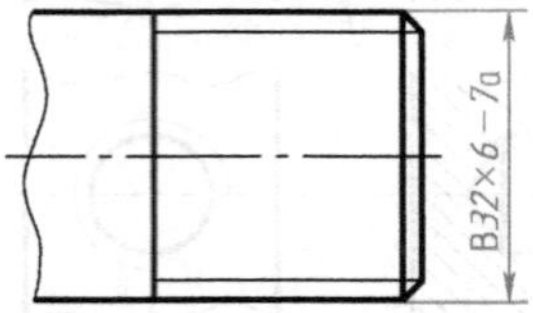 *B32×6—7a*	同梯形螺纹
55°非密封管螺纹		G	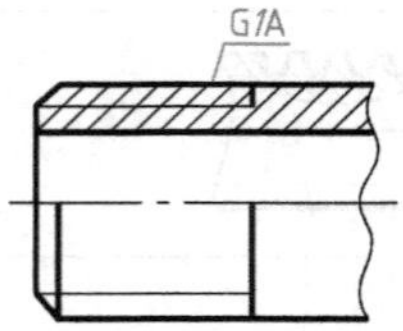 *G1A*	管螺纹的标记应注在由大径处引出的指引线；管螺纹特征代号右边的数字为尺寸代号，其数值与管子内径相近，单位为英寸；外螺纹需注出公差等级 A 或 B；内螺纹公差等级只有一种，故不注；表示螺纹副时，仅需标注外螺纹的标记，如 G1/2A
55°密封管螺纹	与圆柱内螺纹相配合的圆锥外螺纹	R_1	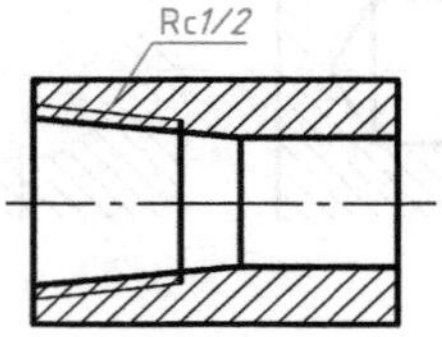 *Rc1/2*	内、外螺纹均只有一种公差带，故不注；表示螺纹副时，尺寸代号只注写一次，如 Rc/$R_2$1/2
	圆柱内螺纹	Rp		
	与圆锥内螺纹相配合的圆锥外螺纹	R_2		
	圆锥内螺纹	Rc		

　　由表可见，标准规定的各螺纹的标记方法不尽相同，现仅介绍应用最广的普通螺纹的标记规定。

　　根据 GB/T 197—2003 的规定，普通螺纹的完整标记由螺纹特征代号、尺寸代号、公差带代号、旋合长度代号和旋向代号五部分组成，其格式如下：

$\boxed{螺纹特征代号}\boxed{尺寸代号}—\boxed{公差带代号}—\boxed{旋合长度代号}—\boxed{旋向代号}$

其各部分含义如下：

1）普通螺纹特征代号：M。

2）尺寸代号格式为：

单线螺纹：$\boxed{公称直径×螺距}$，粗牙不注螺距；多线螺纹：$\boxed{公称直径×Ph(导程)P(螺距)}$

3）螺纹公差带代号包括中径和顶径公差带代号，如 5g6g，前者表示中径公差带代号，后者表示顶径公差带代号。大写字母表示内螺纹，小写字母表示外螺纹。如果中径与顶径公差带代号相同，则只注写一个代号。

4）最常用的中等公差精度螺纹（公称直径≤1.4mm 的 5H、6h 和公称直径≥1.6mm 的

6H、6g）不标注公差带代号。

5）旋合长度规定为短（S）、中（N）、长（L）三组，中等旋合长度（N）不必标注。

6）左旋螺纹要注写 LH，右旋螺纹不注。

例如 M16 × $Ph3P1.5$—5g6g—L—LH，其含义为：普通螺纹，公称直径为 16mm，导程为 3mm，螺距为 1.5mm，双线，细牙，中径公差带代号为 5g，顶径公差带代号为 6g，外螺纹，长旋合长度，左旋；又如 M8 × 1—6G，其含义为：普通螺纹，公称直径为 8mm，螺距为 1mm，单线，细牙，中径、顶径公差带代号均为 6G，内螺纹，中等旋合长度，右旋。

第二节　螺纹紧固件

一、常用螺纹紧固件的种类及其标记

螺纹紧固件就是利用一对内、外螺纹的旋合作用联接和紧固一些零部件。螺纹紧固件的种类很多，常用的有螺栓、螺柱、螺钉、螺母和垫圈等，如图 6-6 所示。它们均为标准件，其结构和尺寸均已标准化，由专门的标准件厂成批生产，使用时按规定标记直接外购。表 6-3 为常用螺纹紧固件的标记示例。

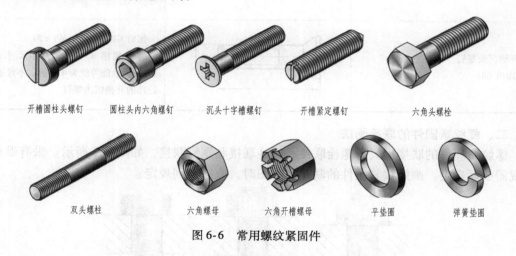

开槽圆柱头螺钉	圆柱头内六角螺钉	沉头十字槽螺钉	开槽紧定螺钉	六角头螺栓
双头螺柱	六角螺母	六角开槽螺母	平垫圈	弹簧垫圈

图 6-6　常用螺纹紧固件

表 6-3　常用螺纹紧固件及其标记示例

名称及标准编号	图例及规格尺寸	标记示例
六角头螺栓　A 级和 B 级 GB/T 5782		螺栓 GB/T 5782　M8 × 40 螺纹规格 d = M8、公称长度 l = 40mm、性能等级为 8.8 级、表面氧化、A 级的六角头螺栓
双头螺柱　A 级和 B 级 GB/T 897 ~ 900		螺柱 GB/T 897　M8 × 35 两端均为粗牙普通螺纹、d = M8、l = 40mm、性能等级为 4.8 级、不经表面处理、B 型、b_m = 1d 的双头螺柱

（续）

名称及标准编号	图例及规格尺寸	标记示例
1 型六角螺母　A 级和 B 级 GB/T 6170		螺母 GB/T 6170　M8 螺纹规格 D = M8、性能等级为 10 级、不经表面处理、A 级的 1 型六角螺母
平垫圈　A 级 GB/T 97.1		垫圈 GB/T 97.1　8　140 HV 标准系列、公称尺寸 d = 8mm、硬度等级为 140HV 级、不经表面处理的平垫圈
标准弹簧垫圈 GB/T 93		垫圈 GB/T 93　8 规格 8mm、材料 65Mn、表面氧化的标准弹簧垫圈
开槽沉头螺钉 GB/T 68		螺钉 GB/T　68　M8×30 螺纹规格 d = M8、公称尺寸 L = 30mm、性能等级为 4.8 级、不经表面处理的开槽沉头螺钉

二、螺纹紧固件的联接画法

螺纹紧固件的联接形式有螺栓联接、螺柱联接和螺钉联接，如图 6-7 所示。采有哪种联接视需要而选定。画螺纹紧固件的联接装配图时，应按下列规定：

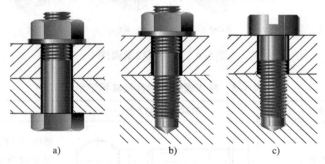

图 6-7　螺纹紧固件的联接形式
a）螺栓联接　b）螺柱联接　c）螺钉联接

1）当剖切平面通过螺纹紧固件的轴线时，螺纹紧固件均按不剖绘制，只画其外形。

2）在剖视图中，相邻两零件的剖面线方向应相反或方向相同而间隔不等。

3）两零件的接触表面应画一条线，不接触的相邻表面应画两条线，间隙过小时，应夸大画出。

4）装配图中的螺纹紧固件一般采用简化画法，所以对其工艺结构（如倒角、倒圆、退刀槽等）均可省略不画。

1. 螺栓联接

螺栓联接适用于联接两个不太厚的并能加工成通孔的零件，联接时将螺栓穿过两个被联接零件的通孔（孔径≈1.1d），套上垫圈，然后用螺母紧固。如图6-8所示为螺栓联接的简化画法。

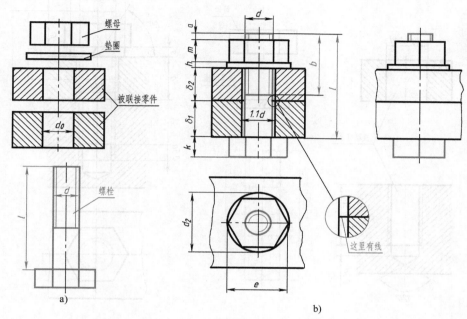

图6-8　螺栓联接的简化画法

a）联接前　b）联接后

螺栓的公称长度可按下式计算

$$l \geqslant \delta_1 + \delta_2 + h + m + a \text{（查表计算后取最短的标准长度）}$$

式中　δ_1、δ_2——被联接零件的厚度（已知条件）；

h——平垫圈厚度；

m——螺母厚度；

a——螺栓伸出螺母的长度。

为了提高绘图速度，螺纹紧固件各部分的尺寸（除公称长度外）可根据螺纹公称直径d按下列比例作图：

$$b = 2d, \ h = 0.15d, \ m = 0.8d, \ a = 0.3d, \ k = 0.7d, \ e = 2d, \ d_2 = 2.2d$$

画螺栓联接时应注意：

1）被联接零件的孔径必须大于螺栓大径（$d_0 \approx 1.1d$），否则在组装时螺栓装不进通孔。

2）在剖视图中，被联接零件的接触面（投影图上为线）应画到螺栓大径处。

3）螺栓的螺纹终止线必须画到垫圈之下和被联接两零件接触面的上方，否则螺母可能拧不紧。

2. 螺柱联接

当被联接零件之一较厚，不便加工成通孔时，可采用螺柱联接。螺柱的两端均制有螺纹。联接前，先在较厚的零件上制出螺孔，再在另一零件上加工出通孔，如图 6-9a 所示，将螺柱的一端（称旋入端）全部旋入螺孔内，再在另一端（称紧固端）装上制出通孔的零件，套上弹簧垫圈，拧紧螺母，即完成螺柱联接。如图 6-9b 所示为螺柱联接的简化画法。

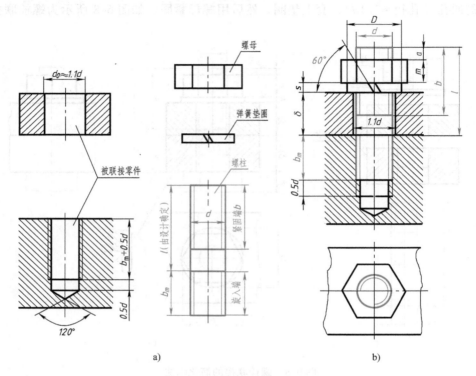

a)　　　　　　　　　　　　　　　　　　　　b)

图 6-9　螺柱联接的简化画法

a）联接前　b）联接后

螺柱的公称长度 l 可按下式计算

$$l \geqslant \delta + s + m + a \quad （查表计算后取最短的标准长度）$$

式中　δ——带通孔的被联接零件的厚度；

　　　s——弹簧垫圈的厚度；

　　　m——螺母的厚度；

　　　a——螺柱伸出螺母的长度。

按比例作图时，弹簧垫圈厚度取 $s = 0.2d$，直径取 $D = 1.5d$，槽宽取 $0.1d$，其余各部分尺寸同螺栓联接。

画螺柱联接时应注意以下问题：

1）为了保证联接牢固，应使旋入端完全旋入螺纹孔中，所以画图时螺柱旋入端的螺纹终止线应与两零件的结合面平齐。

2）为了保证联接强度，螺柱旋入端的长度 b_m 由被联接件的材料确定，钢、青铜或硬铝，$b_m = 1d$（GB/T 897—1988）；铸铁，$b_m = 1.25d$（GB/T 898—1988）或 $b_m = 1.5d$（GB/T 899—1988）；铝或其他较软材料，$b_m = 2d$（GB/T 900—1988）。

3）为了确保旋入端全部旋入，被联接零件的螺孔深度应稍大于螺柱旋入端的螺纹长度

b_m，一般取螺孔深度为 $b_m + 0.5d$，钻孔深度为 $b_m + d$。

4）弹簧垫圈用来防止螺母松动，其开槽方向为阻止螺母松动的方向，应与螺纹旋向相反，画成与水平成60°并向左上斜。

3. 螺钉联接

常用螺钉的种类很多，按用途不同可分为联接螺钉和紧定螺钉两类，前者用于联接零件，后者用于固定零件。

（1）联接螺钉　联接螺钉用于受力不大、不经常拆卸的场合，装配时将螺钉直接穿过被联接零件上的通孔，再拧入另一被联接零件上的螺孔中，靠螺钉头部压紧被联接零件。如图6-10所示为螺钉联接的比例画法和简化画法。

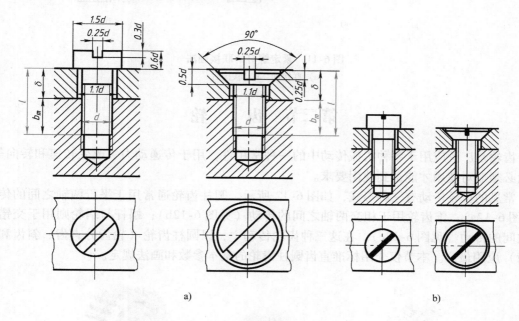

图 6-10　螺钉联接的画法

a）比例画法　b）简化画法

螺钉的公称长度为

$$l = \delta + b_m \text{（查表计算后取最短的标准长度）}$$

式中　　δ——带通孔的被联接零件的厚度；

　　　　b_m——螺钉的旋入长度，其取值与螺柱联接相同。

画螺钉联接时应注意的问题如下：

1）螺钉的螺纹终止线应画在两个被联接零件的结合面之上，表示螺钉有拧紧的余地，保证联接紧固，或采用全螺纹（见图6-10a）。

2）螺钉头部的开槽在主、俯视图中并不符合投影关系，在投影为圆的视图中，这些槽习惯绘制成向右斜线45°，若槽宽小于或等于2mm时，可以涂黑表示（见图6-10b）。

（2）紧定螺钉　紧定螺钉用来固定两个零件的相对位置，防止其产生相对运动。如图6-11所示是紧定螺钉的联接画法。

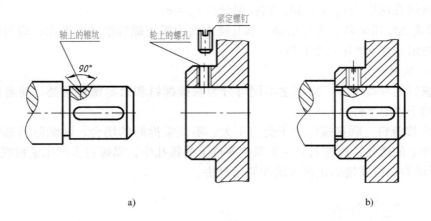

图 6-11　紧定螺钉的联接画法

a）联接前　b）联接后

第三节　齿　轮

齿轮是广泛应用于各种机械传动中的一种常用件，用于传递动力、改变转速和转向等。齿轮必须成对使用才能达到使用要求。

常见的齿轮传动有三种形式，如图 6-12 所示。圆柱齿轮通常用于平行两轴之间的传动（见图 6-12a）；锥齿轮用于相交两轴之间的传动（见图 6-12b）；蜗杆与蜗轮则用于交错两轴之间的传动（见图 6-12c）。在这三种齿轮传动中，以圆柱齿轮（轮齿分直齿、斜齿和人字齿）应用最广。本节仅介绍标准直齿圆柱齿轮的基本参数和画法规定。

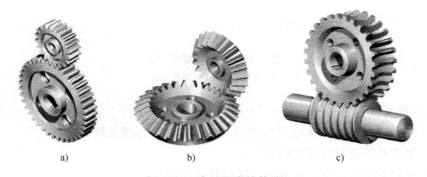

a）　　　　　　　b）　　　　　　　c）

图 6-12　常见的齿轮传动

a）圆柱齿轮传动　b）锥齿轮传动　c）蜗杆蜗轮传动

一、直齿圆柱齿轮的几何要素及尺寸关系

直齿圆柱齿轮各部分的名称及代号如图 6-13 所示。

1）齿顶圆直径（d_a）：通过齿顶的假想圆柱的直径。

2）齿根圆直径（d_f）：通过齿根的假想圆柱的直径。

3）分度圆直径（d）：齿厚和槽宽相等处的假想圆柱的直径。

4）齿顶高（h_a）：齿顶圆与分度圆之间的径向距离。

5）齿根高（h_f）：齿根圆与分度圆之间的径向距离。

6）齿高（h）：齿顶圆与齿根圆之间的径向距离，$h = h_a + h_f$。

7）齿厚（s）：一个齿的两侧齿廓之间的分度圆弧长。

8）槽宽（e）：一个齿槽的两侧齿廓之间的分度圆弧长。

9）齿距（p）：相邻两齿的同侧齿廓之间的分度圆弧长。对于标准齿轮，$p = s + e$，$s = e = \dfrac{p}{2}$。

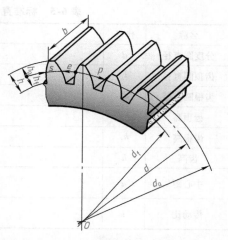

图 6-13　直齿圆柱齿轮各部分的名称及代号

10）齿宽（b）：齿轮轮齿的轴向宽度。

11）齿数（z）：轮齿的个数。

12）模数（m）：设齿轮的齿数为 z，则分度圆周长 $\pi d = pz$，所以分度圆直径 $d = \dfrac{p}{\pi}z$。令比值 $\dfrac{p}{\pi} = m$，则 $d = mz$，m 称为齿轮的模数，单位为 mm。相啮合的两齿轮，齿距 p 必须相等，所以模数 m 也必须相等。

模数 m 是设计和制造齿轮的一个重要参数。模数越大，轮齿越厚，齿轮的承载能力越大。为了便于齿轮的设计和制造，模数已经标准化，我国规定的标准模数值见表 6-4。

表 6-4　齿轮模数系列（GB/T 1357—2008）　　　　　（单位：mm）

第一系列	1、1.25、1.5、2、2.5、3、4、5、6、8、10、12、16、20、25、32、40、50
第二系列	1.75、2.25、2.75、（3.25）、3.5、（3.75）、4.5、5.5、（6.5）、7、9、（11）、14、18、22、28、36、45

注：选用模数时，应优先选用第一系列，括号内的模数尽可能不用。

13）齿形角（α）：齿廓曲线与分度圆交点处的径向直线与齿廓在该点处的切线所夹的锐角。我国一般采用 $\alpha = 20°$。

14）中心距（a）：两啮合齿轮轴线之间的距离。装配准确的标准齿轮，其中心距为

$$a = \frac{1}{2}(d_1 + d_2) = \frac{1}{2}m(z_1 + z_2)$$

15）传动比（i）：主动齿轮的转速 n_1（r/min）与从动齿轮的转速 n_2（r/min）之比，即 $\dfrac{n_1}{n_2}$。由 $n_1 z_1 = n_2 z_2$ 可得

$$i = \frac{n_1}{n_2} = \frac{z_2}{z_1}$$

二、直齿圆柱齿轮几何要素的尺寸计算

标准直齿圆柱齿轮各几何要素的尺寸计算公式见表 6-5。

表 6-5 标准直齿圆柱齿轮各几何要素的尺寸计算

名称	代号	计算公式
分度圆直径	d	$d = mz$
齿顶圆直径	d_a	$d_a = m\ (z+2)$
齿根圆直径	d_f	$d_f = m\ (z-2.5)$
齿顶高	h_a	$h_a = m$
齿根高	h_f	$h_f = 1.25m$
齿高	h	$h = 2.25m$
中心距	a	$a = \dfrac{1}{2}(d_1 + d_2) = \dfrac{1}{2}m(z_1 + z_2)$
传动比	i	$i = \dfrac{n_1}{n_2} = \dfrac{z_2}{z_1}$

从表中可知，已知齿轮的模数 m 和齿数 z，按表所列公式可以计算出各几何要素的尺寸，画出齿轮的图形。

三、圆柱齿轮的画法规定

齿轮轮齿的齿廓曲线是渐开线，如按其真实投影绘制齿轮是非常困难的，为此，国家标准 GB/T 4459.2—2003 规定了齿轮的画法。

1. 单个圆柱齿轮的画法

1）齿顶圆和齿顶线用粗实线绘制；分度圆和分度线用细点画线绘制；齿根圆和齿根线用细实线绘制或省略不画，如图 6-14a 所示。

2）在剖视图中，当剖切平面通过齿轮的轴线时，轮齿一律按不剖绘制，齿根线用粗实线绘制，如图 6-14b 所示。

3）当需要表示轮齿（斜齿或人字齿）的齿向时，可用三条与齿线方向一致的细实线表示，如图 6-14c 所示。

至于齿轮轮齿以外的轮毂、轮辐和轮缘等部分的结构仍应按真实投影画出。

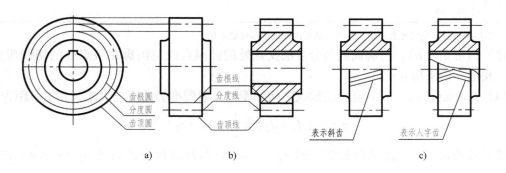

图 6-14 单个圆柱齿轮的画法

2. 啮合的圆柱齿轮的画法

1）单个齿轮的分度圆在啮合时称为节圆，分度线称为节线，仍用细点画线绘制。

2）在投影为圆的视图中，两齿轮的节圆相切，啮合区内的齿顶圆均用粗实线绘制（见图 6-15a）或省略不画（见图 6-15b）。

3）在投影为非圆的视图中，啮合区的齿顶线和齿根线不必画出，节线画成粗实线（见图6-15c）。

4）在剖视图中，当剖切平面通过两啮合齿轮的轴线时，在啮合区内，节线重合，一个齿轮的齿顶线用粗实线绘制，另一个齿轮的齿顶线用细虚线绘制（齿顶被遮），也可省略不画（见图6-15a）。齿顶和齿根的间隙（称为顶隙）为$0.25m$，如图6-16所示。

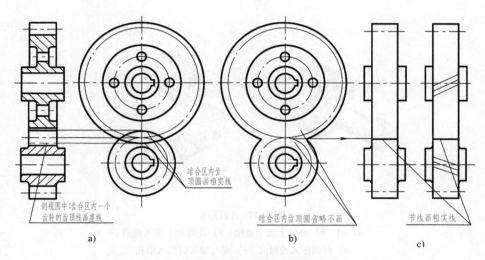

剖视图中啮合区内一个齿轮的齿顶线画虚线

啮合区内齿顶圆画粗实线

啮合区内齿顶圆省略不画

节线画粗实线

a) b) c)

图6-15 圆柱齿轮啮合的画法

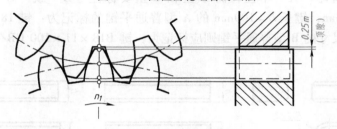

图6-16 啮合齿轮间的顶隙

第四节 键 和 销

一、键

键是标准件，用于联接轴和轴上的传动零件（如齿轮、带轮等），起传递转矩的作用。常用的键有普通平键、半圆键和楔键。本节仅介绍应用广泛的普通平键及其联接。

如图6-17所示为普通平键联接。在轴和轮毂上分别加工出键槽，装配时先将键嵌入轴上的键槽内，再对准轮毂上的键槽，将轴和键同时插入孔和槽内，就可以使轴和轮毂一起转动。

1. 普通平键的结构形式和标记

普通平键有三种结构形式：圆头普通平键（A型）、平头普通平键（B型）和单圆头普通平键（C型），其形状和尺寸如图6-18所示。A型普通平键应用最广泛，所以在普通平键

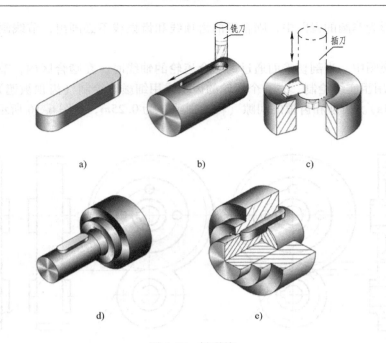

图 6-17　键联接

a）键　b）在轴上加工键槽　c）在轮毂上加工键槽

d）将键嵌入键槽内　e）键与轴同时装入轴孔

的标记中，A 型可省略"A"不注，而 B 型和 C 型要标注"B"或"C"。例如键宽 $b =$ 18mm，键高 $h = 11$mm，键长 $L = 100$mm 的 A 型普通平键的标记为：键 18 × 11 × 100 GB/T 1096，而相同规格尺寸的 B 型普通平键则应标记为：键 B18 × 11 × 100 GB/T 1096。

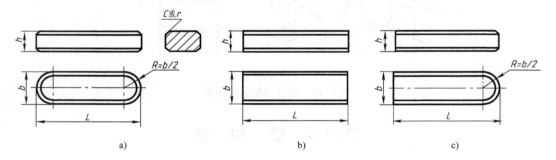

图 6-18　普通平键的结构形式和尺寸

2. 键槽的画法及尺寸标注

因为键是标准件，所以一般不必画出零件图，但要画出零件上与键相配合的键槽，如图 6-19 所示。键槽的宽度 b 可根据轴的直径 d 查表确定，轴上的槽深 t_1 和轮毂上的槽深 t_2 可从键的标准中查得，键的长度 L 应小于或等于轮毂的长度。

3. 键联接的画法

如图 6-20 所示为普通平键联接的装配图画法，绘图时需注意以下问题：

1）主视图中键被纵向剖切时，键按不剖绘制，但为了表达键在轴上的装配情况，采用

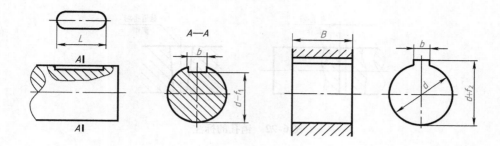

图 6-19　键槽的画法及尺寸标注

了局部剖视。

2）左视图中键被横向剖切时，键应画出剖面线。

3）普通平键的两侧面为工作面，所以键的两侧面与轴和轮毂的键槽两侧面接触，键的底面与轴上键槽的底面接触，均应画一条线，而键的顶面与轮毂键槽的顶面之间有间隙，应画两条线。

二、销

销也是标准件。常用的销有圆柱销、圆

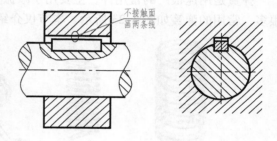

图 6-20　普通平键联接的画法

锥销和开口销。圆柱销和圆锥销主要用于零件的联接或定位。圆柱销传递的载荷不大。圆锥销有 1:50 的锥度（有自锁作用），定位精度比圆柱销高，多用于经常装拆的轴上。开口销常与六角开槽螺母配合使用，起防松作用。

销联接的画法如图 6-21 所示，当剖切平面通过销的轴线时，销按未剖绘制；销与销孔表面接触，应画一条线。

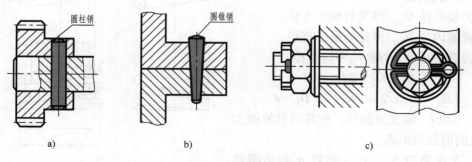

图 6-21　销联接的画法
a）圆柱销联接　b）圆锥销联接　c）开口销联接

由于用销联接或定位的两个零件上的销孔是在装配时一起加工的，因此，在图样中标注销孔尺寸时一般要注写"配作"，如图 6-22 所示。圆锥销孔的尺寸应引出标注，其公称直径是指小端直径。

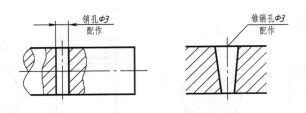

图 6-22   销孔的标注

第五节 弹   簧

弹簧是用途很广的常用件，主要用于减振、夹紧、储存能量和测力等方面。弹簧的种类很多，常用的弹簧如图 6-23 所示。本节仅介绍最常用的圆柱螺旋压缩弹簧。

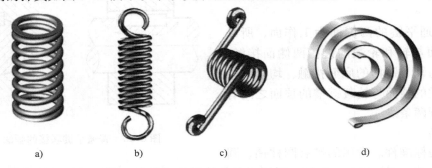

图 6-23   常用的弹簧
a）压缩弹簧   b）拉伸弹簧   c）扭转弹簧   d）平面蜗卷弹簧

一、圆柱螺旋压缩弹簧各部分的名称及尺寸关系

圆柱螺旋压缩弹簧各部分的名称如图 6-24 所示。

（1）簧丝直径 d 制造弹簧的钢丝直径。

（2）弹簧直径。

1）弹簧外径 D_2。弹簧的最大直径。

2）弹簧内径 D_1。弹簧的最小直径。

3）弹簧中径 D。弹簧的平均直径。

$$D_1 = D_2 - 2d$$

$$D = (D_2 + D_1)/2 = D_1 + d = D_2 - d$$

（3）节距 t 除支承圈外，相邻两有效圈上对应点之间的轴向距离。

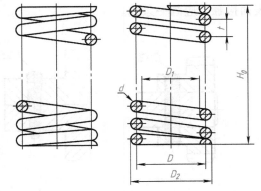

（4）支承圈数 n_z、有效圈数 n 和总圈数 n_1 为了使螺旋压缩弹簧工作时受力均匀，增

图 6-24   圆柱螺旋压缩弹簧各部分的名称

加弹簧的平稳性，将弹簧的两端并紧、磨平。并紧、磨平的圈数主要起支撑作用，称为支承圈；保持节距相等的圈称为有效圈。有效圈数 n 与支承圈数 n_z 之和称为总圈数，即 $n_1 = n + n_z$。

（5）自由高度 H_0 弹簧在不受外力作用时的高度（或长度），$H_0 = nt + (n_z - 0.5)d$。

（6）展开长度 L　制造弹簧时所用弹簧丝的长度。由螺旋线的展开可知，$L \approx n_1 \sqrt{(\pi D)^2 + t^2}$。

二、圆柱螺旋压缩弹簧的画法规定

圆柱螺旋压缩弹簧的真实投影较复杂，为了简化作图，国家标准 GB/T 4459.4—2003 规定了弹簧的画法。

1）在平行于螺旋弹簧轴线的视图上，其各圈轮廓可用直线代替螺旋线的投影，如图 6-24 所示。

2）螺旋弹簧均可画成右旋，但左旋弹簧必须注明"LH"。

3）有效圈数在 4 圈以上的螺旋弹簧，可以只画出其两端的 1~2 圈（不包括支承圈），中间各圈可以省略，用通过簧丝剖面中心的细点画线表示。省略后，允许适当缩短图形的长度，但应注明弹簧设计要求的自由高度，如图 6-24 所示。

4）在装配图中，被弹簧挡住的结构一般不画，可见部分的轮廓线画至弹簧的外轮廓线或簧丝剖面的中心线，如图 6-25a 所示。

5）在装配图中，当簧丝直径小于或等于 2mm 时，剖面可用涂黑表示，如图 6-25b 所示，也可采用示意画法，如图 6-25c 所示。

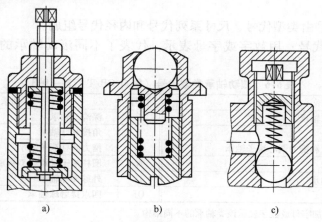

图 6-25　装配图中弹簧的画法

第六节　滚 动 轴 承

滚动轴承是用来支承轴旋转的标准部件。由于滚动轴承结构紧凑、摩擦力小，所以在生产中得到广泛应用。本节主要介绍滚动轴承的类型、代号和画法。

一、滚动轴承的结构和分类

滚动轴承的类型很多，但其结构大致相同，一般由外圈、内圈、滚动体和保持架组成，如图 6-26 所示。滚动轴承的外圈通常装在机座的孔内，固定不动；内圈装在轴上，随轴转动；滚动体在内、外圈的滚道之间滚动，形成滚动摩擦，滚动体的形状有球、圆柱和圆锥等；保持架将滚动体均匀地隔开，防止它们相互摩擦和碰撞。

按承载情况，滚动轴承可分为以下三类：

1）向心轴承：主要承受径向载荷，如深沟球轴承（见图 6-26a）。

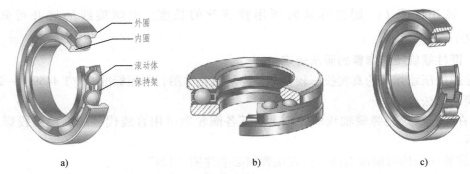

图 6-26 滚动轴承的结构和分类

a）深沟球轴承 b）推力球轴承 c）圆锥滚子轴承

2）推力轴承：主要承受轴向载荷，如推力球轴承（见图 6-26b）。

3）向心推力轴承：能同时承受径向和轴向载荷，如圆锥滚子轴承（见图 6-26c）。

二、滚动轴承的代号

滚动轴承的代号由前置代号、基本代号和后置代号三部分组成。基本代号是轴承代号的基础，前置、后置代号是补充代号，其含义和标注详见国家标准 GB/T 272—1993。下面介绍常用的基本代号。

轴承的基本代号由类型代号、尺寸系列代号和内径代号组成。

（1）轴承类型代号　用数字或字母表示，代表了不同滚动轴承的类型和结构，见表6-6。

表 6-6　滚动轴承类型代号（摘自 GB/T 272—1993）

代号	轴承类型	代号	轴承类型
0	双列角接触球轴承	6	深沟球轴承
1	调心球轴承	7	角接触球轴承
2	调心滚子轴承和推力调心滚子轴承	8	推力圆柱滚子轴承
3	圆锥滚子轴承	N	圆柱滚子轴承（双列或多列用字母 NN 表示）
4	双列深沟球轴承	U	外球面球轴承
5	推力球轴承	QJ	四点接触球轴承

注：表中代号后或前加字母或数字表示该类轴承的不同结构。

（2）尺寸系列代号　尺寸系列代号由轴承的宽（高）度系列代号（一位数字）和直径系列代号（一位数字）左右排列组成，详情可从 GB/T 272—1993 中查取。

（3）内径代号　用两位数字表示轴承的公称内径，见表6-7。

表 6-7　轴承内径代号（摘自 GB/T 272—1993）

内径代号	00	01	02	03	04 ~ 96
轴承内径/mm	10	12	15	17	代号数字 ×5

轴承基本代号示例：

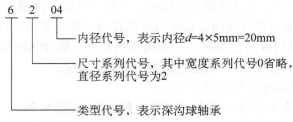

三、滚动轴承的画法

滚动轴承是标准部件，在画装配图时，可按国家标准 GB/T 4459.7—1998 规定的通用画法、特征画法和规定画法来画。前两种属于简化画法，在同一图样中一般只采用其中一种画法。滚动轴承各部分尺寸可根据轴承代号由标准中查得。

常用滚动轴承的画法见表 6-8。

表 6-8　常用滚动轴承的画法（摘自 GB/T 4459.7—1998）

轴承类型及标准编号	通用画法	特征画法	规定画法
	均指滚动轴承在所属装配图的剖视图中的画法		
深沟球轴承 （60000 型） GB/T 276—1994		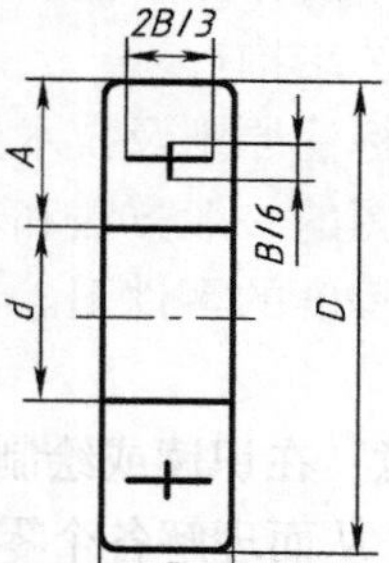	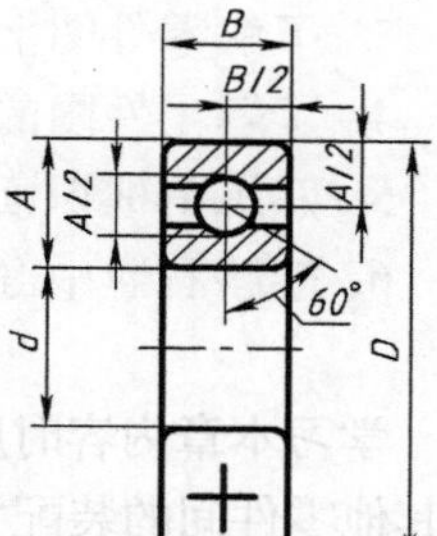
推力球轴承 （51000 型） GB/T 301—1994	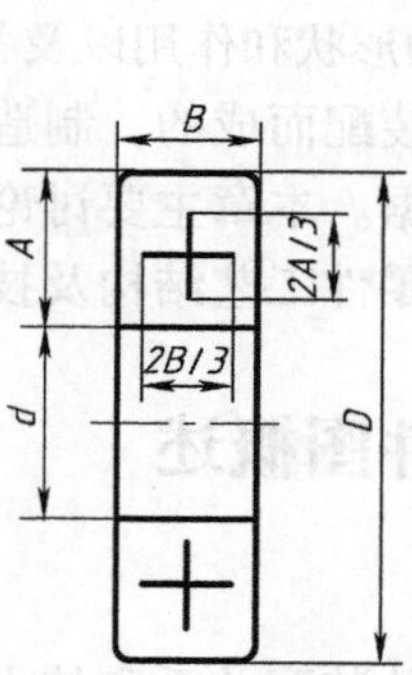	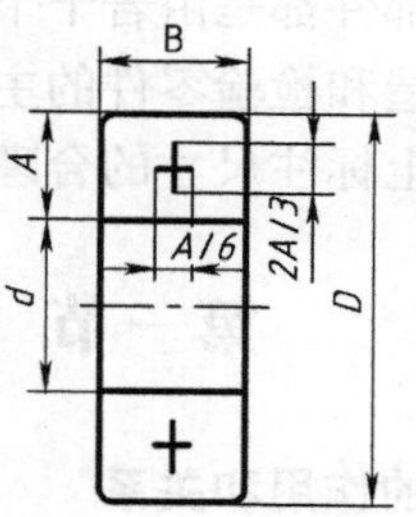	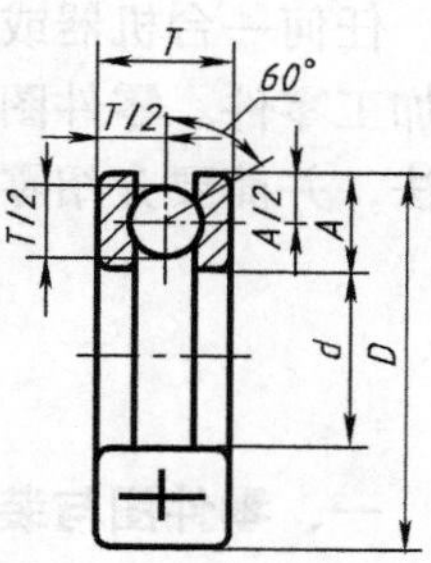
圆锥滚子轴承 （30000 型） GB/T 297—1994		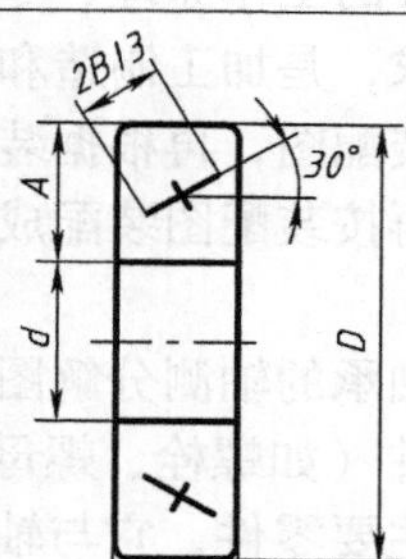	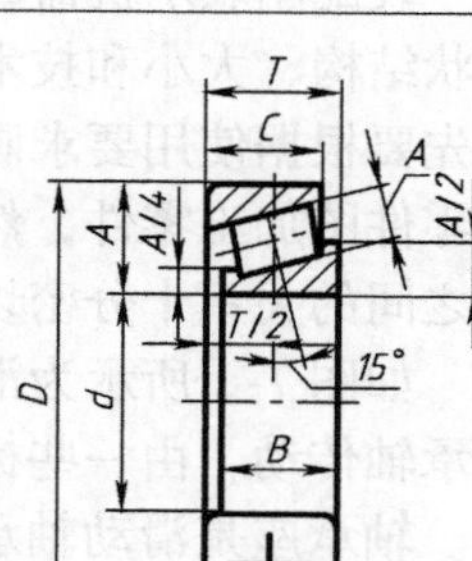
三种画法的选用	当不需要确切地表示滚动轴承的外形轮廓、承载特性和结构特征时采用	当需要较形象地表示滚动轴承的结构特征时采用	在滚动轴承的产品图样、产品样本、产品标准和产品使用说明书中采用

第七章 零件图

【学习目标】
1. 能正确理解零件图中各个知识点的概念和要求。
2. 了解零件图在生产中的作用、内容和表达方法。
3. 了解零件图上的工艺结构。
4. 了解零件图的尺寸标注原则及技术要求。
5. 熟练掌握识读零件图的一般方法和步骤。
6. 能够看懂中等复杂程度的零件图。

学习本章内容时应注意：在识读或绘制零件图时，要考虑零件在部件中的位置、作用以及与其他零件间的装配关系，从而理解各个零件的形状结构和加工方法；在识读或绘制装配图时（第八章讲述），也必须了解部件中主要零件的结构形状和作用以及各零件间的装配关系。

任何一台机器或一个部件都是由若干个零件装配而成的，制造机器首先必须要根据零件图加工零件。零件图是制造和检验零件的主要依据。本章主要讨论识读和绘制零件图的基本方法，并简要介绍零件图上标注尺寸的合理性、零件工艺结构及技术要求等内容。

第一节　零件图概述

一、零件图与装配图的作用和关系

装配图表示机器或部件的工作原理、零件间的装配关系和技术要求。零件图表示零件的形状结构、大小和技术要求，是加工制造和检验零件的依据。在设计或测绘机器的过程中，首先要根据使用要求画出装配图，再根据装配图拆画零件图。在机械制造过程中，首先要根据零件图加工零件，然后再按装配图装配成机器或部件。因此，零件与部件、零件图与装配图之间的关系十分密切。

如图 7-1 所示为滑动轴承的轴测分解图。滑动轴承是机械传动中常见的部件，其作用是支承轴传动，由一些标准件（如螺栓、螺母等）和专用件（如轴承座、轴承盖等）装配而成。轴承座是滑动轴承的主要零件，它与轴承盖通过两组螺栓和螺母紧固，能够支承并压紧上、下轴衬。轴承盖上部的油杯用于给轴衬加润滑油，轴承座下部的底板在滑动轴承安装时起支承和固定作用。由此可见，零件的形状结构和大小，是由该零件在机器或部件中的作用以及与其他零件的装配关系确定的。

二、零件图的内容

如图 7-2 所示为轴承座的零件图。由图可见，一张完整的零件图应包括以下内容：

1. 一组图形

选用一组视图、剖视图、断面图等适当的图形，正确、完整、清晰地表达零件的内、外形状结构。

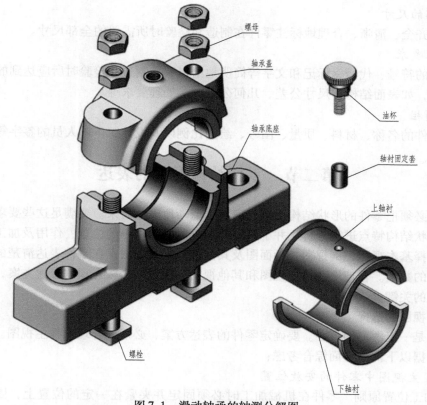

图 7-1　滑动轴承的轴测分解图

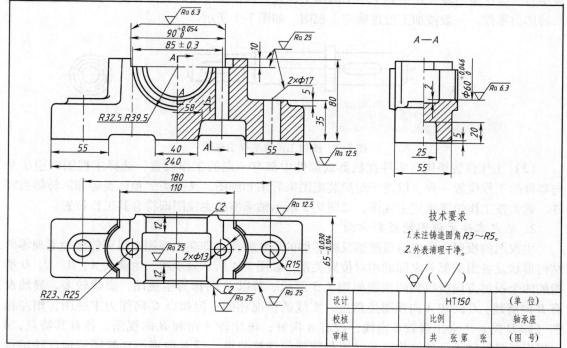

图 7-2　轴承座零件图

2. 全部的尺寸

正确、齐全、清晰、合理地标注零件在制造和检验时所需要的全部尺寸。

3. 技术要求

用规定的符号、代号、标记和文字等简明地给出零件制造和检验时所应达到的各项技术指标和要求，如表面结构、尺寸公差、几何公差和热处理要求等。

4. 标题栏

填写零件的名称、材料、质量、图号、绘图比例以及设计、审核人员的签字等。

第二节　零件结构形状的表达

零件图必须把零件的形状结构正确、完整、清晰地表达出来。要满足这些要求，首先要对零件的形状结构特点进行分析，并了解零件在机器或部件中的位置、作用及加工方法，然后灵活地选择基本视图、剖视图、断面图及其他各种表达方法，在零件表达清楚的前提下尽量减少图形的数量。合理地选择主视图和其他视图，确定一个较合理的表达方案，是表示零件结构形状的关键。

一、主视图的选择

主视图是一组图形的核心。要确定零件的表达方案，必须先合理选择主视图。选择主视图时，应根据以下两个方面综合考虑：

1. 确定主视图中零件的安放位置

（1）加工位置原则　零件在机械加工时必须固定并夹紧在一定的位置上，因此选择主视图时，应尽量与零件在主要工序中的加工位置一致，使加工时看图方便。如轴、套、盘等回转体类零件，一般按加工位置确定主视图，如图 7-3 所示。

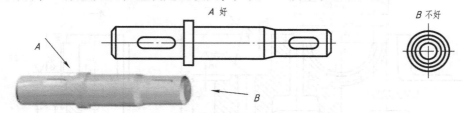

图 7-3　按加工位置选择主视图

（2）工作位置原则　零件在机器或部件中都有一定的工作位置，选择主视图时应尽量与零件的工作位置一致，以便于对照装配图来看图和画图。叉架类、箱体类等非回转体类零件，通常按工作位置确定主视图，如图 7-2 所示轴承座的主视图即符合其工作位置。

2. 确定零件主视图的投射方向

主视图的投射方向应该最能够反映零件的形状特征，即在主视图上尽可能多地展现零件结构形状及各组成部分之间的相对位置关系。如图 7-4 所示轴承座，由箭头 A、B、C、D 所指的四个投射方向所得到的视图如图 7-5 所示。若以 D 向作为主视图，虚线较多，显然没有 B 向清楚；C 向和 A 向视图虽然虚、实线的情况相同，但如以 C 向作为主视图，则左视图（即 D 向）上会出现较多虚线，没有 A 向好；再比较 A 向和 B 向视图，各有其特点，A 向能直接显示轴承孔的结构以及肋板与圆筒的连接关系，而 B 向视图能较明显地反映轴承座各部分的轮廓特征。所以，确定 A 向作为主视图的投射方向。

二、其他视图的选择

主视图确定之后，要分析该零件还有哪些结构形状未表达完整，如何将主视图未表达清楚的部位用其他视图来表达，并使每个视图都有表达的重点。在选择视图时，应首先选用基本视图及在基本视图上作剖视图。其选择原则是：在完整、清晰地表达零件结构形状的前提下，尽量减少视图的数量，以便于看图和画图。

如图 7-6 所示为柱塞泵泵体，在主视图确定之后，泵体的三个组成部分（空腔圆柱体泵身、凸台、底板）的高度方向和长度方向的相对位置已表示清楚，泵身和凸台的内外形状通过主视图的半剖视就能反映出来，但它们的宽度（前后）方向的相对位置与连接关系及底板的厚度还未表示清楚。因此，需要画出俯视图或左视图来补充表达。

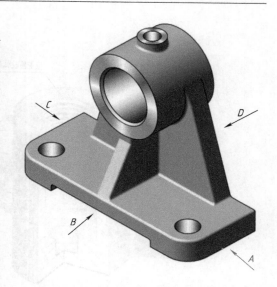

图 7-4 轴承座主视图投射方向的选择

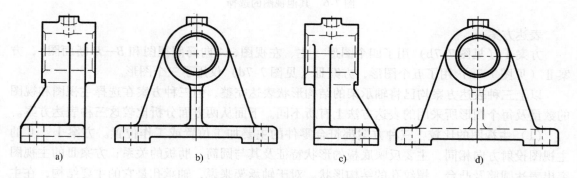

图 7-5 分析主视图投射方向
a) A 向 b) B 向 c) C 向 d) D 向

从底板与泵身的连接关系分析，底板本身的厚度（包括后面的凹槽）以及底板上的两个沉孔，在俯视图上表示比在左视图上表示更完整，各部分的相对位置在俯视图中也比较清楚，所以选用俯视图。对于底板后面的形状，可采用后视图或向视图表达，但考虑到它的形状比较简单，可在主视图上画出表示底板形状的虚线，既不影响图面清晰，又省去了一个视图。

三、零件表达方案选择举例

[例 7-1] 分析比较图 7-7a 所示轴承架的三种表达方案。

结构分析：

轴承架由三部分构成，上部是圆筒，其孔内安装回转轴，顶部有凸台，凸台中间的螺纹孔用于安装油杯。圆筒一端与安装底板连接，底板上有两个对称的通孔。圆筒的下面用三角形肋板与底板连接，起增加零件结构强度的作用。

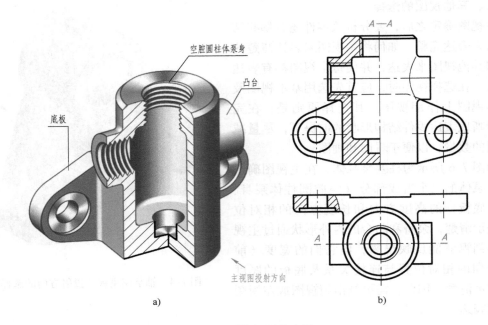

图 7-6 其他视图的选择

表达方案：

方案Ⅰ（见图 7-7b）用了四个图形（主、左视图，A 向局部视图和 B—B 断面图），方案Ⅱ（见图 7-7c）用了五个图形，方案Ⅲ（见图 7-7d）仅用了三个图形。

以上三种表达方案均已将轴承架的结构形状表达完整，但三种方案在选择主视图和视图的数量及每个图形所采用的表达方法上有所不同。下面从两方面分析比较这三种表达方案。

（1）主视图的比较　三种方案都符合零件的主要加工位置或工作位置。方案Ⅰ、Ⅱ的主视图投射方向相同，主要反映底板的形状特征及其与圆筒、肋板的关系；方案Ⅲ的主视图突出表达圆筒及凸台、螺纹孔的结构形状。对于轴承架来说，轴承孔是它的主要结构，在主视图上直接显示轴承孔的结构比反映底板的形状更为重要，所以方案Ⅲ的主视图选择比较合理。

（2）其他视图的比较　三种方案均采用（A 向）局部视图表达圆筒一端的凸台外形，也均采用了两个基本视图——主视图和左视图。为了表达底板和肋板的断面形状，方案Ⅰ补充了一个 B—B 断面图；方案Ⅱ添加了一个 B—B 全剖视，且由于左视图采用全剖视，无法表达底板上的孔，因此又增加了一个 C—C 断面图。比较这两个方案，方案Ⅱ采用 B—B 全剖视表达底板和肋板的断面形状，显然不如方案Ⅰ采用 B—B 断面图简单清楚；对底板上的圆孔，方案Ⅰ在左视图上采用局部剖视表达，而方案Ⅱ则多画了一个 C—C 断面图，显得繁琐，所以方案Ⅰ比方案Ⅱ显得简洁明了。相对方案Ⅰ，方案Ⅲ对底板和肋板断面形状的表达更为简洁，只用重合断面图表示它们的轮廓形状和厚度，因而省去了一个图形。

综上所述，方案Ⅲ用较少的视图正确、完整、清晰地表达了轴承架的结构形状，是三种方案中最佳的表达方案。

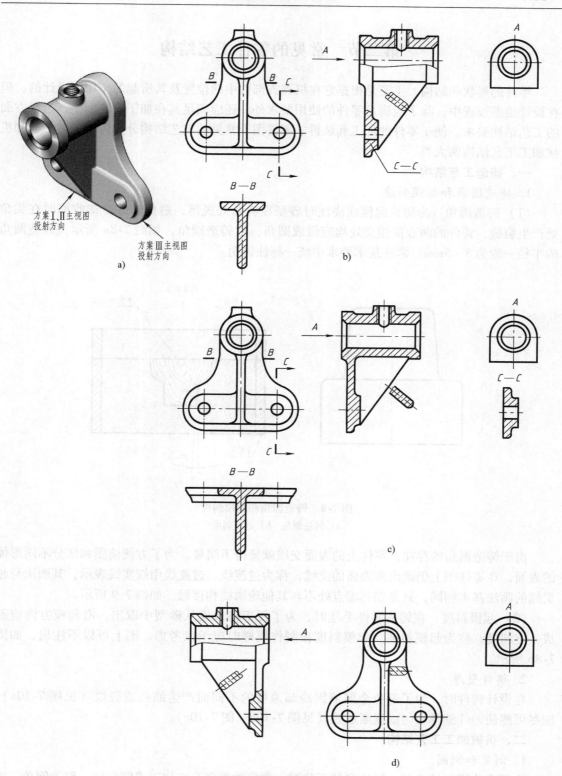

方案 I、II 主视图
投射方向

方案 III 主视图
投射方向

a)

b)

c)

d)

图 7-7　轴承架的表达方案

第三节　常见的零件工艺结构

零件的形状和结构，主要是根据它在机器或部件中的位置及其所起的作用而设计的。但在设计绘图过程中，除了应满足零件的使用要求外，还应满足其在加工、装配生产过程方面的工艺结构要求，便于零件的加工和装拆。零件图上常见的工艺结构分为铸造工艺结构和机械加工工艺结构两大类。

一、铸造工艺结构

1. 铸造圆角和起模斜度

（1）铸造圆角　为防止起模或浇注时砂型在尖角处脱落，避免铸件冷却收缩时在尖角处产生裂缝，铸件的两表面相交处均应做成圆角，称铸造圆角，如图7-8a所示。铸造圆角的半径一般为3~5mm，常在技术要求中统一标注说明。

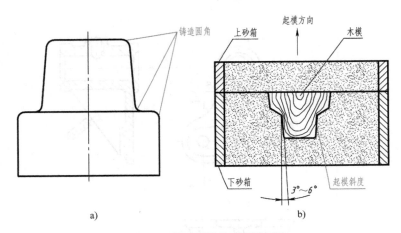

图7-8　铸造圆角和起模斜度
a）铸造圆角　b）起模斜度

由于铸造圆角的存在，零件上的表面交线就显得不明显。为了方便读图和区分不同形体的表面，在零件图上仍画出两表面的交线，称为过渡线。过渡线用细实线表示，其画法与相贯线的画法基本相同，只是在其端点处不与其他轮廓线相接触，如图7-9所示。

（2）起模斜度　在铸造零件毛坯时，为了便于将木模从砂型中取出，沿起模方向应制成一定斜度，称为起模斜度。起模斜度在制作模样时应予以考虑，图上可以不注出，如图7-8b所示

2. 铸件壁厚

在设计铸件时，为了避免金属液因冷却速度的不同而产生缩孔或裂纹（见图7-10a），应尽可能使铸件壁厚均匀或逐渐过渡（见图7-10b、图7-10c）。

二、机械加工工艺结构

1. 倒角和倒圆

为了去除零件的毛刺、锐边和便于装配，常将轴端和孔口加工成圆台面，称为倒角；为了避免因应力集中而产生裂纹，轴肩处常采用圆角过渡，称为倒圆。45°倒角和倒圆的尺寸

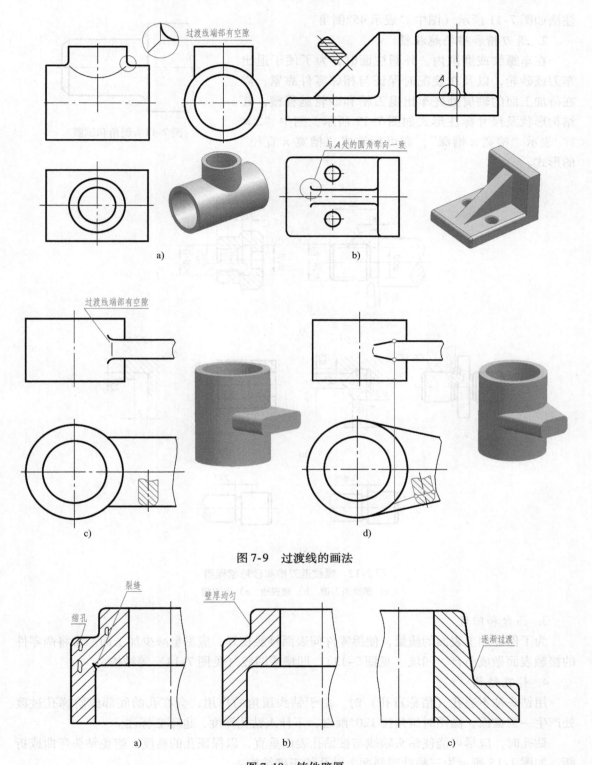

图 7-9 过渡线的画法

图 7-10 铸件壁厚

a）铸件缺陷　b）壁厚均匀　c）壁厚逐渐过渡

注法如图 7-11 所示（图中 *C* 表示 45°倒角）。

2. 退刀槽和砂轮越程槽

在车螺纹或磨削内、外圆柱面时，为了便于退出车刀或砂轮，以及在装配时保证与相邻零件靠紧，需在待加工面的轴肩处先车出退刀槽和砂轮越程槽，其结构形状及尺寸标注形式如图 7-12 所示，图中"2 × 1"表示"槽宽 × 槽深"，亦可标注成"槽宽 × 直径"的形式。

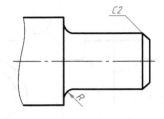

图 7-11　倒角和倒圆

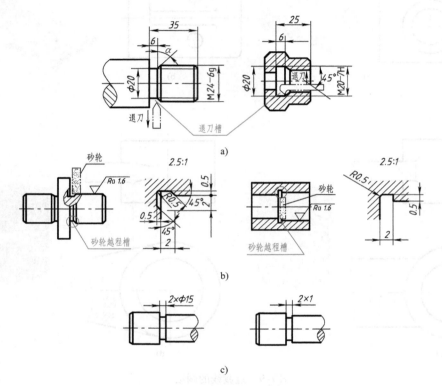

图 7-12　螺纹退刀槽和砂轮越程槽

a）螺纹退刀槽　b）越程槽　c）退刀槽

3. 凸台和凹坑

为了保证加工表面的质量，使得零件间表面接触良好，应尽量减少加工面。常将两零件的接触表面做成凸台、凹坑（见图 7-13）、凹槽或凹腔（见图 7-14）等结构。

4. 钻孔结构

用钻头钻不通孔（俗称盲孔）时，由于钻头顶角的作用，会在孔的底部或阶梯孔过渡处产生一圆锥面，画图时锥角按 120°画出，不计入钻孔深度，也不必标注。

钻孔时，应尽可能使钻头轴线与被钻孔表面垂直，以保证孔的精度，避免钻头弯曲或折断。如图 7-15 所示为三种处理斜面上钻孔的正确结构。

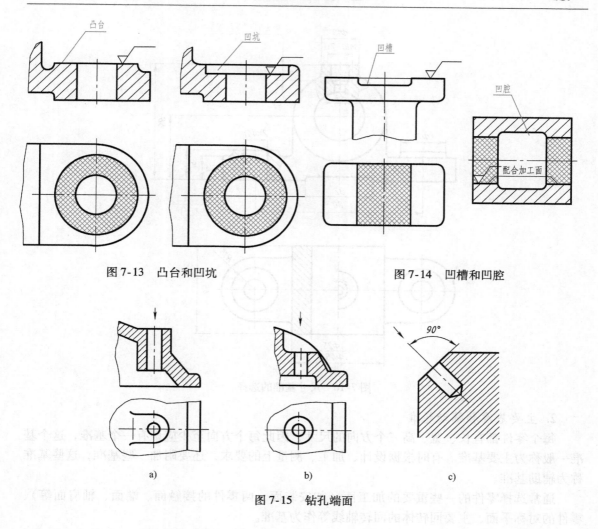

图 7-13　凸台和凹坑　　　　　　　图 7-14　凹槽和凹腔

图 7-15　钻孔端面

第四节　零件尺寸的合理标注

零件尺寸的标注，除了要满足前几章所述的正确、齐全、清晰的要求外，还要求标注合理。合理标注尺寸是指所注尺寸既符合设计要求，保证机器的使用性能，又满足工艺要求，便于加工、测量和检验。本节着重介绍合理标注尺寸应考虑的几个基本问题和一般原则。

一、尺寸基准及其选择

尺寸基准指的是在设计、制造和检验零件时用以确定尺寸标注起点位置的面、线、点。尺寸标注得是否合理，关键在于能否正确地选择尺寸基准，如图 7-16 所示。

尺寸基准按其用途和重要性，有以下分类：

1. 设计基准和工艺基准

设计基准是为了保证使用性能而确定零件在部件中工作位置的一些面、线、点。工艺基准是在加工或测量时确定零件位置的一些面、线、点。如图 7-16 中凸台的顶面是工艺基准，以此为基准测量螺孔的深度尺寸 8mm 比较方便。

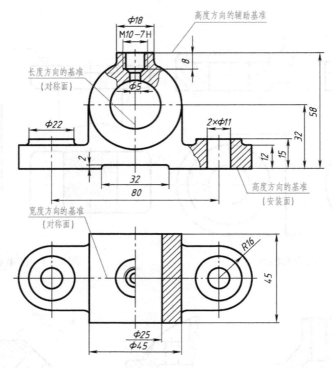

图 7-16　尺寸基准的选择

2. 主要基准和辅助基准

每个零件都有长、宽、高三个方向的尺寸，因此每个方向至少应该有一个基准，这个基准一般称为主要基准。有时根据设计、加工、测量上的要求，还要附加一些基准，这些基准称为辅助基准。

通常选择零件的一些重要的加工面（如安装面、两零件的接触面、端面、轴肩面等）、零件的对称平面、主要回转体的回转轴线等作为基准。

如图 7-16 所示，轴承座底面为高度方向的主要基准，也是设计基准，高度尺寸 32mm 和 58mm 均以此基准标出，其中轴承孔的中心高是重要的设计尺寸；顶面尺寸 8mm 是以顶面为辅助基准标出的，以便于加工和测量。辅助基准与主要基准要直接标注联系尺寸，如图中的尺寸 58mm。长度方向以左右对称面为基准，以此基准标出了底板两螺钉孔的定位尺寸 80mm，以保证两螺钉孔与轴孔的对称关系。设计基准和工艺基准应尽可能重合，这样既可满足设计要求又便于加工制造。

二、合理标注尺寸的原则

1. 重要尺寸直接标出

重要尺寸是指那些直接影响零件的工作性能和相对位置的尺寸，如零件间的配合尺寸、重要的安装定位尺寸等。直接标注重要尺寸，能够直接提出尺寸公差、形状和位置公差的要求，以保证设计要求。

如图 7-17 所示，轴孔中心高 h_1 是重要尺寸，若按图 7-17b 所示标注，则尺寸 h_2 和 h_3 将产生较大的积累误差，使孔的中心高不能满足设计要求。同理，底板上安装孔的中心距 l_1 也应直接注出，若按图 7-17b 所示标注尺寸 l_3，间接确定 l_1，则不能满足装配要求。

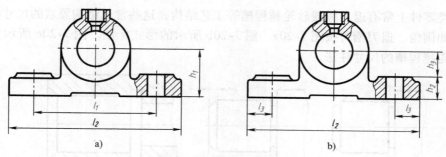

图 7-17　重要尺寸直接标出
a）正确　b）错误

2. 避免出现封闭尺寸链

封闭尺寸链是指首尾相接并封闭的一组尺寸。如图 7-18b 所示的阶梯轴，长度方向的尺寸 l_1、l_2、l_3 与 l 首尾相接，构成封闭尺寸链，应该避免。由于 $l = l_1 + l_2 + l_3$，在加工时，尺寸 l_1、l_2、l_3 都可能产生误差，每一段的误差都会积累到尺寸 l 上，使总长 l 不能保证设计的精度要求。若要保证尺寸 l 的精度要求，就要提高每一段的精度要求，造成加工困难且成本提高。所以，在几个尺寸构成的尺寸链中，应选择一个不重要的尺寸空出不注，称为开口环，使所有的尺寸误差都积累到这一段，确保重要尺寸的精度，降低加工难度，提高经济效益，如图 7-18a 所示。

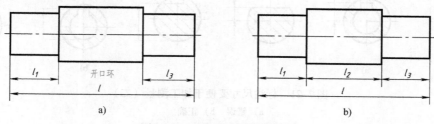

图 7-18　避免出现封闭尺寸链
a）正确　b）错误

3. 标注尺寸要便于加工测量

（1）符合加工顺序的要求　如图 7-19a 所示小轴的轴向尺寸标注符合加工顺序，便于看图、测量，且易保证加工精度。图中将退刀槽这一工艺结构包括在长度 13mm 内，因为加工时一般先粗车外圆到长度 13mm，再由车槽刀切槽。这种标注形式同时也符合工艺要求，便于加工测量，而如图 7-19b 所示的标注不合理。

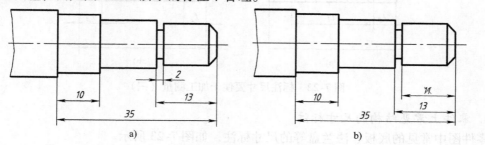

图 7-19　标注尺寸要便于加工测量（一）
a）正确　b）错误

　　轴套类零件上常有退刀槽或砂轮越程槽等工艺结构，这些常见结构要素的尺寸标注已经格式化，如倒角、退刀槽可按图 7-20a、图 7-20b 所示的形式标注。图 7-20c 所示为轴套类零件中砂轮越程槽的尺寸注法。

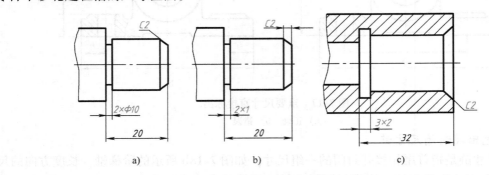

图 7-20　退刀槽或砂轮越程槽的尺寸标注

　　（2）考虑测量方便的要求　如图 7-21 所示为轴或轮毂上常见的断面形状。由图可见，图 7-21b 标注的尺寸比图 7-21a 的标注便于测量。在图 7-22a 所示的套筒中，尺寸 L_1 测量困难，而在图 7-22b 中改注尺寸 L_3，测量就方便了。

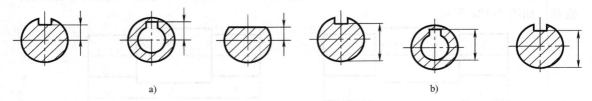

图 7-21　标注尺寸要便于加工测量（二）
a）错误　b）正确

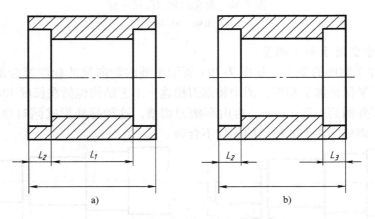

图 7-22　标注尺寸要便于加工测量（三）

4. 零件上常见结构的尺寸标注

　　零件图中常见的底板、法兰盘等的尺寸标注，如图 7-23 所示。

　　各种孔（光孔、沉孔、螺孔）的简化注法见表 7-1。国家标准要求标注尺寸时应尽可能使用符号和缩写词，常用的符号和缩写词见表 7-2。

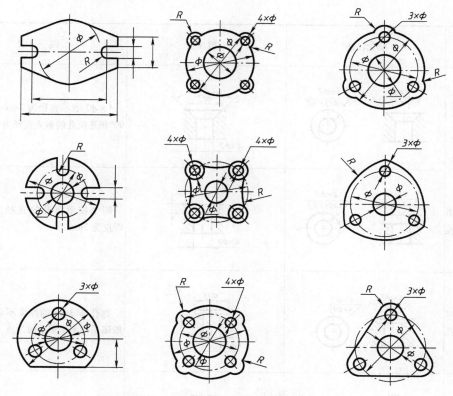

图 7-23　常见底板、法兰盘的尺寸标注

表 7-1　各种孔的简化注法

零件结构类型		简化注法	一般注法	说　明
光孔	一般孔	4×φ5▼10　　4×φ5▼10	4×φ5	4×φ5 表示直径为 5mm 的 4 个光孔，孔深可与孔径连注
	精加工孔	4×φ5⁺₀·⁰¹²▼10　4×φ5⁺₀·⁰¹²▼10 孔▼12　　孔▼12	4×φ5⁺⁰·⁰¹²₀	光孔深为 12mm，钻孔后需精加工至 φ5 ⁺⁰·⁰¹²₀ mm，深度为 10mm
	锥孔	锥销孔φ5 配作　　锥销孔φ5 配作	锥销孔φ5 配作	φ5mm 为与锥销孔相配的圆锥销小头直径（公称直径）。锥销孔通常是两零件装在一起后加工的，故应注明"配作"

（续）

零件结构类型		简化注法	一般注法	说　明
沉孔	锥形沉孔	4×φ7 ∨φ13×90°　　4×φ7 ∨φ13×90°	90° φ13　4×φ7	4×φ7 表示直径为 7mm 的 4 个孔。90°锥形沉孔的最大直径为 φ13mm
	柱形沉孔	4×φ7 ⊔φ13▽3　　4×φ7 ⊔φ13▽3	φ13　3　4×φ7	四个柱形沉孔的直径为 φ13mm，深度为 3mm
	锪平沉孔	4×φ7 ⊔φ13　　4×φ7 ⊔φ13	φ13　锪平　4×φ7	锪孔 φ13mm 的深度不必标注，一般锪平到不出现毛面为止
螺孔	通孔	2×M8　　2×M8	2×M8	2×M8 表示公称直径为 8mm 的两螺孔，中径和顶径的公差带代号为 6H
	不通孔	2×M8▽10 孔▽12　　2×M8▽10 孔▽12	2×M8　10　12	表示两个螺孔 M8 的螺纹长度为 10mm，钻孔深度为 12mm，中径和顶径的公差带代号为 6H

表 7-2　尺寸标注常用的符号和缩写词

名称	符号或缩写词	名称	符号或缩写词
直径	φ	45°倒角	C
半径	R	深度	↓
球直径	Sφ	沉孔或锪平	⊔
球半径	SR	埋头孔	∨
厚度	t	均布	EQS
正方形	□		

三、零件尺寸标注举例

在零件图上标注尺寸的一般方法与步骤是：先要对零件进行结构分析，了解零件的工作性能和加工测量方法，选好尺寸基准。

[例7-2]　齿轮轴的尺寸标注（见图7-24）。

轴是回转体，其径向尺寸基准（高度和宽度方向）为回转体的轴线。由此注出各轴段的直径尺寸：φ16mm、φ34mm、φ16mm 和 φ14mm 以及分度圆直径尺寸 φ30mm、M12 × 1.5 等。齿轮左端面是长度方向的主要基准（设计基准），且 25mm 是设计的主要尺寸，应直接注出。长度方向第一辅助基准为左端面，由此注出轴的总长尺寸 105mm，主要基准与辅助基准之间注出联系尺寸 12mm；长度方向第二辅助基准是轴的右端面，通过长度尺寸 30mm 得出长度方向第三辅助基准 φ16mm 轴段的右端面，由此注出键槽长度方向的定位尺寸 1mm 以及键槽长度 10mm。键槽的深度和宽度在断面图中注出，其他尺寸可用形体分析法补齐。

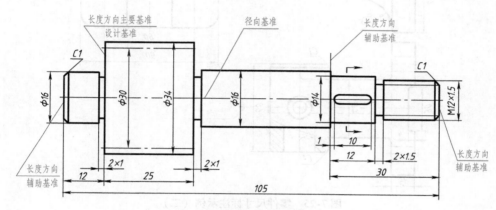

图7-24　零件尺寸标注示例（一）

[例7-3]　标注脚踏座的尺寸（见图7-25）。

对于非回转体类零件，标注尺寸时通常选用较大的加工面、重要的安装面、与其他零件的结合面或主要结构的对称面作为尺寸基准。如图 7-25 所示的脚踏座，选取安装板左端面作为长度方向的主要基准；选取安装板的水平对称面作为高度方向的主要基准；选取脚踏座前后方向的对称面作为宽度方向的主要基准，其标注尺寸的顺序如下：

1）由长度方向的主要基准安装板左端面注出尺寸 74mm，由高度方向的主要基准安装板水平对称面注出尺寸 95mm，从而确定上部轴承的轴线位置。

2）由已确定的轴承轴线作为径向辅助基准，注出轴承的径向尺寸 φ20mm、φ38mm。由轴承轴线出发，按高度方向分别注出 22mm 和 11mm，确定轴承顶面和踏脚座连接板 R100mm 的圆心位置。

3）由宽度方向的主要基准脚踏座的前后对称面，在视图中注出尺寸 30mm、40mm 和 60mm，以及在 A 向局部视图中注出尺寸 60mm 和 90mm。其他尺寸请读者自行分析。

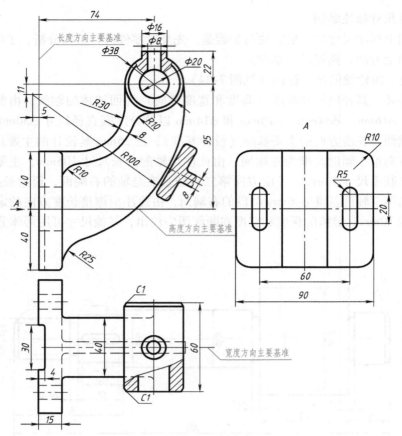

图 7-25　零件尺寸标注示例（二）

第五节　零件图上的技术要求

　　零件图中除了图形和尺寸外，还必须有制造该零件时应满足的一些加工要求，通常称为技术要求，如表面粗糙度、尺寸公差、形状和位置公差以及材料热处理等。技术要求一般是用符号、代号或标记标注在图形上，或者用文字注写在图样的适当位置。

一、表面结构的图样表示法

　　表面结构是表面粗糙度、表面波纹度、表面缺陷、表面纹理和表面几何形状的总称。表面结构的各项要求在图样上的表示法在 GB/T 131—2006 中均有具体规定。本节主要介绍常用的表面粗糙度的表示法。

　　1. 基本概念及术语

　　（1）表面粗糙度　零件经过机械加工后的表面会留有许多高低不平的凸峰和凹谷，零件加工表面上具有较小间距和峰谷所组成的微观几何形状特征称为表面粗糙度。表面粗糙度与加工方法、切削刃形状和切削用量等各种因素都有密切关系。

　　表面粗糙度是评定零件表面质量的一项重要技术指标，对于零件的配合、耐磨性、抗腐蚀性以及密封性和外观等都有显著影响，是零件图中必不可少的一项技术要求。

　　（2）评定表面结构常用的轮廓参数　本节仅介绍轮廓参数中评定粗糙度轮廓（R 轮廓）

的两个高度参数 Ra 和 Rz。

1）算术平均偏差 Ra 是在一个取样长度内，纵坐标 Z（X）绝对值的算术平均值，如图 7-26 所示。

2）轮廓的最大高度 Rz 是在同一取样长度内，最大轮廓峰高与最大轮廓谷深之间的距离，如图 7-26 所示。

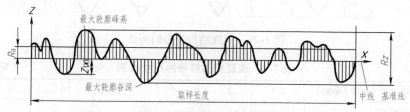

图 7-26　算术平均偏差 Ra 和轮廓的最大高度 Rz

2. 标注表面结构的图形符号

标注表面结构要求时的图形符号见表 7-3。

表 7-3　标注表面结构要求时的图形符号

符　号	意义及说明
	基本符号，表示表面可用任何方法获得。当不加粗糙度参数值或有关说明（例如：表面处理、局部热处理状况等）时，仅用于简化代号标注
	基本符号上加一短划，表示表面是用去除材料的方法获得的，例如车、铣、钻、磨、剪切、抛光、腐蚀、电火花加工和气割等
	基本符号上加一小圆，表示表面是用不去除材料的方法获得的，例如铸、锻、冲压变形、热轧、冷轧和粉末冶金等，或者是用于保持原供应状况的表面（包括保持上道工序的状况）
	完整图形符号。在上述三个符号的上边加一横线，用于注写对表面结构的各种要求

当图样中某个视图上构成封闭轮廓的各表面有相同的表面结构要求时，在完整图形符号上加一圆圈，标注在封闭轮廓线上，如图 7-27 所示。

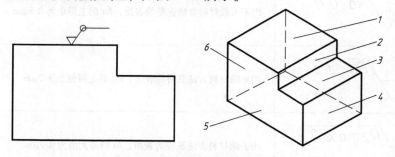

图 7-27　对周边各面有相同的表面结构要求的注法

注：图示的表面结构符号是指对图形中封闭轮廓的六个面的共同要求（不包括前后面）。

　　表面结构符号的画法如图7-28所示，图形符号和附加标注的尺寸见表7-4。

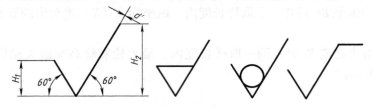

图7-28　表面结构符号的画法

表7-4　表面结构符号的尺寸比例　　　　　　　　　（单位：mm）

数字和字母高度（见GB/T 14690）	2.5	3.5	5	7	10	14	20
符号线宽 d'	0.25	0.35	0.5	0.7	1	1.4	2
字母线宽 d							
高度 H_1	3.5	5	7	10	14	20	28
高度 H_2（最小值）	7.5	10.5	15	21	30	42	60

3. 表面结构要求在图形符号中的注写位置

　　为了明确表面结构要求，在完整符号中，对表面结构的单一要求和补充要求应注写在如图7-29所示的指定位置。

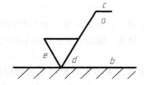

位置 a　　注写表面结构的单一要求
位置 a 和 b <　a 注写第一表面结构的要求
　　　　　　　　　b 注写第二表面结构的要求
位置 c　　注写加工方法，如"车"、"铣"、"钻"
位置 d　　注写表面纹理方向
位置 e　　注写加工余量

图7-29　补充要求的注写位置

4. 表面结构代号

　　表面结构符号中注写了具体参数代号及数值等要求后即称为表面结构代号。表面结构代号的示例及含义见表7-5。

表7-5　表面结构代号的解读

序号	代号示例	意　　义
1	$\sqrt{\text{Ra } 0.8}$	用不去除材料方法获得的表面，Ra 的上限值为 0.8μm
2	$\sqrt{\text{Ra } 3.2}$	用去除材料方法获得的表面，Ra 的上限值为 3.2μm
3	$\sqrt{\text{Rzmax } 0.2}$	用去除材料方法获得的表面，Rz 的最大值为 0.2μm

（续）

序号	代号示例	意　义
4	$\sqrt{}$ Ra 3.2 Ra 1.6	用去除材料方法获得的表面，Ra 的上限值为 3.2μm，Ra 的下限值为 1.6μm
5	$\sqrt{}$ Ra max 3.2 Ra min 1.6	用去除材料方法获得的表面，Ra 的最大值为 3.2μm，Ra 的最小值为 1.6μm

5. 表面结构要求在图样中的注法

1）表面结构要求对每一表面一般只标注一次，并尽可能注在相应的尺寸及其公差的同一视图上。除非另有说明，所标注的表面结构要求是对完工零件表面的要求。

2）表面结构的注写和读取方向与尺寸的注写和读取方向一致。表面结构要求可标注在轮廓线上，其符号应从材料外指向并接触表面，如图 7-30 所示。必要时，表面结构也可用带箭头或黑点的指引线引出标注，如图 7-31 所示。

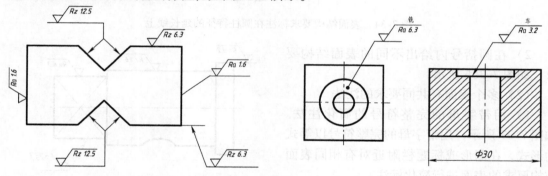

图 7-30　表面结构要求在轮廓线上的标注　　　　图 7-31　用指引线引出标注表面结构要求

3）在不致引起误解时，表面结构要求可以标注在给定的尺寸线上，如图 7-32 所示。

4）表面结构要求可标注在几何公差框格的上方，如图 7-33 所示。

5）圆柱和棱柱的表面结构要求只标注一次，如图 7-34 所示。如果每个棱柱表面有不同的表面结构要求，则应分别单独标注，如图 7-35 所示。

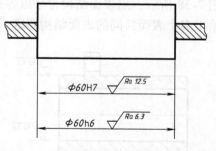

图 7-32　表面结构要求标注在尺寸线上

6. 表面结构要求在图样中的简化注法

（1）有相同表面结构要求的简化注法　如果在工件的多数（包括全部）表面有相同的表面结构要求时，则其表面结构要求可统一标注在图样的标题栏附近（不同的表面结构要求应直接标注在图形中）。此时，表面结构要求的符号后面应有：

1）在圆括号内给出无任何其他标注的基本符号，如图 7-36a 所示。

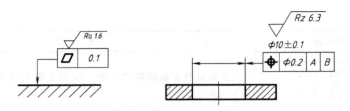

图 7-33 表面结构要求标注在几何公差框格的上方

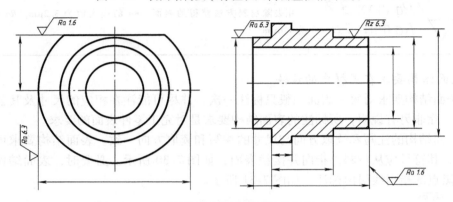

图 7-34 表面结构要求标注在圆柱特征的延长线上

2）在圆括号内给出不同的表面结构要求，如图 7-36b 所示。

（2）多个表面有共同要求的注法

1）用带字母的完整符号的简化注法。如图 7-37 所示，用带字母的完整符号以等式的形式，在图形或标题栏附近对有相同表面结构要求的表面进行简化标注。

2）只用表面结构符号的简化注法。如图 7-38 所示，用表面结构符号以等式的形式给出多个表面共同的表面结构要求。

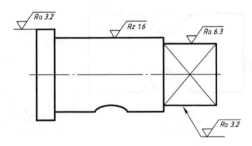

图 7-35 圆柱和棱柱的表面结构要求的标注

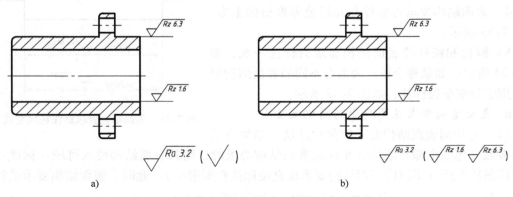

a)　　　　　　　　　　b)

图 7-36 大多数表面有相同表面结构要求的简化注法

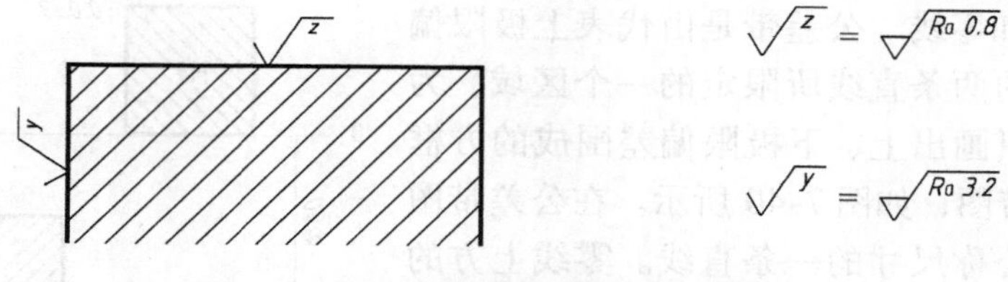

图 7-37 在图纸空间有限时的简化注法

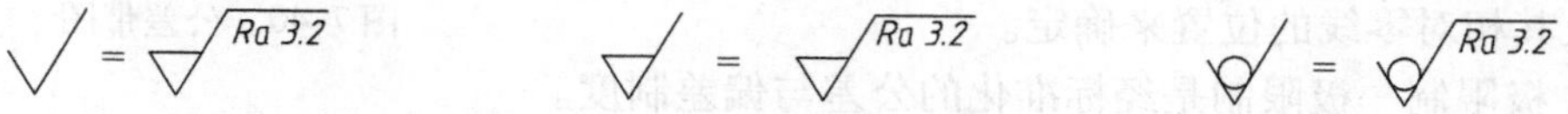

图 7-38 多个表面结构要求的简化注法

二、极限与配合

现代化的批量生产要求零件具有互换性，即从一批规格相同的零件中任取一件，不经修配就能立即装到机器或部件上，并能保证使用要求。零件的这种性质称为互换性。零件具有互换性，不仅给机器的装配、维修带来方便，同时满足了各生产部门和各专业厂家广泛的协作要求，为大批量和专门化生产创造了条件，从而缩短了生产周期，提高了劳动效率和经济效益。

零件在加工过程中，由于加工或测量等因素的影响，完工后的实际尺寸总存在一定的误差。为了确保零件具有互换性，就必须制定和执行统一的标准。国家标准对零件的尺寸作了一系列的规定。

1. **基本术语及定义**

以图 7-39 所示的销轴为例，简要说明极限与配合的基本术语及定义如下：

（1）公称尺寸　设计给定的尺寸。如图 7-39 所示销轴直径 $\phi30mm$、长度 40mm。

（2）实际尺寸　实际测量获得的尺寸。

（3）极限尺寸　允许零件实际尺寸变动的两个极限值。

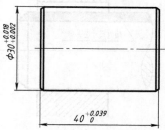

图 7-39　销轴尺寸公差的标注

两个极限值中，大的一个称为上极限尺寸，小的一个称为下极限尺寸，实际尺寸应在两者之间，也可达到极限尺寸。如图 7-39 中销轴直径的上极限尺寸为 $\phi30mm + 0.018mm = \phi30.018mm$；下极限尺寸为 $\phi30mm + 0.002mm = \phi30.002mm$。

（4）极限偏差　极限尺寸减公称尺寸所得的代数差，称为极限偏差。极限偏差分为上极限偏差和下极限偏差，可以是正值、负值或零。其中，上极限尺寸 – 公称尺寸 = 上极限偏差；下极限尺寸 – 公称尺寸 = 下极限偏差。

孔的上、下极限偏差分别用大写字母"ES"和"EI"表示，轴的上、下极限偏差分别用小写字母"es"和"ei"表示。如图 7-39 中销轴直径的上极限偏差 es = $\phi30.018mm$ – $\phi30mm$ = +0.018mm；下极限偏差 ei = $\phi30.002mm$ – $\phi30mm$ = +0.002mm。

（5）尺寸公差（简称公差）　允许尺寸的变动量称为尺寸公差，可用下式表示

尺寸公差 = 上极限尺寸 – 下极限尺寸 = 上极限偏差 – 下极限偏差

尺寸公差是一个没有符号的绝对值。如图 7-39 中销轴直径的尺寸公差 = $\phi30.018mm$ – $\phi30.002mm$ = 0.016mm 或 = 0.018mm – 0.002mm = 0.016mm。

（6）公差带和零线　公差带是由代表上极限偏差和下极限偏差的两条直线所限定的一个区域，为简化起见，一般只画出上、下极限偏差围成的方框简图，称为公差带图，如图7-40所示。在公差带图中，零线是表示公称尺寸的一条直线。零线上方的偏差为正值，零线下方的偏差为负值。公差带由公差大小及其相对零线的位置来确定。

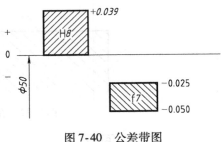

图7-40　公差带图

（7）极限制　极限制是经标准化的公差与偏差制度。

2. 配合

公称尺寸相同的、相互结合的孔和轴公差带之间的关系，称为配合。由于孔和轴的实际尺寸不同，配合后会产生间隙或过盈。孔的尺寸减去相配合轴的尺寸之差为正时是间隙，为负时是过盈。

根据实际需要，配合分为三类：间隙配合、过渡配合和过盈配合。

（1）间隙配合　间隙配合时孔的实际尺寸总比轴的实际尺寸大，装配在一起后，一般来说，轴在孔中能自由转动或移动。如图7-41a所示，孔的公差带在轴的公差带之上。间隙配合还包括最小间隙为零的配合。

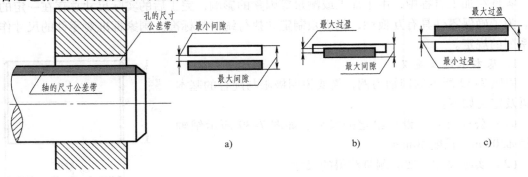

图7-41　配合类型

a）间隙配合　b）过渡配合　c）过盈配合

（2）过渡配合　过渡配合时轴的实际尺寸比孔的实际尺寸有时小、有时大。孔与轴装配后，轴比孔小时能活动，但比间隙配合稍紧；轴比孔大时不能活动，但比过盈配合稍松。这种介于间隙和过盈之间的配合，即为过渡配合。此时，孔的公差带与轴的公差带相互重叠，如图7-41b所示。

（3）过盈配合　过盈配合时孔的实际尺寸总比轴的实际尺寸小，装配时需要一定的外力或将带孔零件加热膨胀后才能把轴装入孔中。所以，轴与孔装配后不能作相对运动。如图7-41c所示，孔的公差带在轴的公差带之下。

3. 标准公差与基本偏差

为了满足不同的配合要求，国家标准规定，孔、轴公差带由标准公差和基本偏差两个要素组成，标准公差确定公差带大小，基本偏差确定公差带位置，如图7-42所示。

（1）标准公差（IT）　标准公差是由标准规定的任一公差。标准公差的数值由公称尺寸和公差等级来确定，其中公差等级确定尺寸的精确程度。标准公差顺次分为20个等级，即

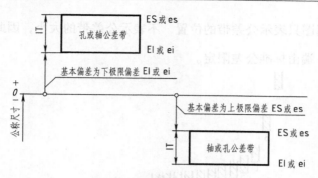

图 7-42　公差带大小及位置

IT01、IT0、IT1…IT18。其中 IT 表示公差，数字表示公差等级。IT01 公差值最小，精度最高；IT18 公差值最大，精度最低。在 20 个标准公差等级中，IT01 ~ IT11 用于配合尺寸，IT12 ~ IT18 用于非配合尺寸。各级标准公差的数值可查阅表 7-6。

表 7-6　标准公差数值（GB/T 1800.2—2009）

基本尺寸 /mm		标准公差等级																
		IT1	IT2	IT3	IT4	IT5	IT6	IT7	IT8	IT9	IT10	IT11	IT12	IT13	IT14	IT15	IT16	IT17	IT18
大于	至	μm											mm						
—	3	0.8	1.2	2	3	4	6	10	14	25	40	60	0.1	0.14	0.25	0.4	0.6	1	1.4
3	6	1	1.5	2.5	4	5	8	12	18	30	48	75	0.12	0.18	0.3	0.48	0.75	1.2	1.8
6	10	1	1.5	2.5	4	6	9	15	22	36	58	90	0.15	0.22	0.36	0.58	0.9	1.5	2.2
10	18	1.2	2	3	5	8	11	18	27	43	70	110	0.18	0.27	0.43	0.7	1.1	1.8	2.7
18	30	1.5	2.5	4	6	9	13	21	33	52	84	130	0.21	0.33	0.52	0.84	1.3	2.1	3.3
30	50	1.5	2.5	4	7	11	16	25	39	62	100	160	0.25	0.39	0.62	1	1.6	2.5	3.9
50	80	2	3	5	8	13	19	30	46	74	120	190	0.3	0.46	0.74	1.2	1.9	3	4.6
80	120	2.5	4	6	10	15	22	35	54	87	140	220	0.35	0.54	0.87	1.4	2.2	3.5	5.4
120	180	3.5	5	8	12	18	25	40	63	100	160	250	0.4	0.63	1	1.6	2.5	4	6.3
180	250	4.5	7	10	14	20	29	46	72	115	185	290	0.46	0.72	1.15	1.85	2.9	4.6	7.2
250	315	6	8	12	16	23	32	52	81	130	210	320	0.52	0.81	1.3	2.1	3.2	5.2	8.1

（2）基本偏差　基本偏差是确定公差带相对零线位置的那个偏差，它可以是上极限偏差或下极限偏差，一般是指靠近零线的那个偏差。当公差带在零线的上方时，基本偏差为下极限偏差；反之则为上极限偏差，如图 7-42 所示。

基本偏差的代号用字母表示，大写字母为孔的基本偏差代号，小写字母为轴的基本偏差代号。国标规定了孔、轴基本偏差代号各有 28 个。

基本偏差系列图如图 7-43 所示，其中 A ~ H（a ~ h）用于间隙配合，J ~ ZC（j ~ zc）用于过渡配合和过盈配合。从基本偏差系列图中可以看到，孔的基本偏差 A ~ H 为下极限偏差，J ~ ZC 为上极限偏差；轴的基本偏差 a ~ h 为上极限偏差，j ~ zc 为下极限偏差；JS 和 js 没有基本偏差，其上、下极限偏差与零线对称，孔和轴的上、下极限偏差分别都是 $+\dfrac{IT}{2}$、

$-\dfrac{\text{IT}}{2}$。基本偏差系列图只表示公差带的位置，不表示公差带的大小，因此，公差带的一端是开口的，开口的另一端由标准公差限定。

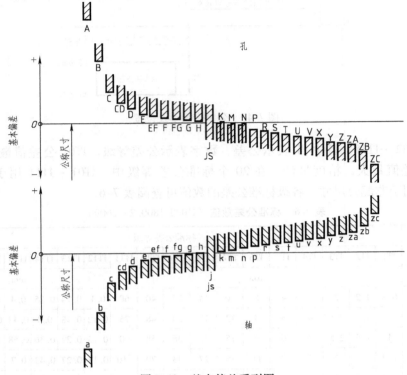

图7-43　基本偏差系列图

基本偏差和标准公差等级确定后，孔和轴的公差带大小和位置就确定了，这时它们的配合性质也确定了。

根据尺寸公差的定义，基本偏差和标准公差有以下计算式

$$\begin{cases} \text{ES} = \text{EI} + \text{IT} \ \text{或} \ \text{EI} = \text{ES} - \text{IT} \\ \text{es} = \text{ei} + \text{IT} \ \text{或} \ \text{ei} = \text{es} - \text{IT} \end{cases}$$

轴和孔的公差带代号由基本偏差代号与公差等级代号组成。例如：

孔的公差带代号

$\phi 50 \quad H \quad 8$

孔的基本偏差代号　　　　　　　　　公差等级代号

轴的公差带代号

$\phi 50 \quad f \quad 7$

轴的基本偏差代号　　　　　　　　　公差等级代号

4. 配合制

在制造互相配合的零件时，使其中一种零件作为基准件，它的基本偏差固定，通过改变

另一种非基准件的基本偏差来获得各种不同性质的配合制度称为配合制。根据生产实际需要，国家标准规定了两种配合制。

（1）基孔制配合　基本偏差为一定的孔的公差带，与不同基本偏差的轴的公差带形成各种配合的一种制度。基孔制配合的孔称为基准孔，其基本偏差代号为 H，下极限偏差为零，即它的下极限尺寸等于公称尺寸。如图 7-44 所示为采用基孔制配合所得到的各种不同松紧程度的配合。

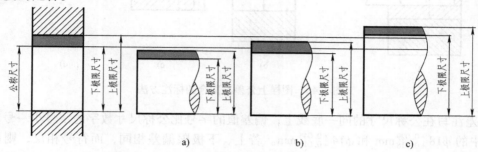

图 7-44　基孔制配合
a）间隙配合　b）过渡配合　c）过盈配合

（2）基轴制配合　基本偏差为一定的轴的公差带，与不同基本偏差的孔的公差带形成各种配合的一种制度。基轴制配合的轴称为基准轴，其基本偏差代号为 h，上极限偏差为零，即它的上极限尺寸等于公称尺寸。如图 7-45 所示为采用基轴制配合所得到的各种不同松紧程度的配合。

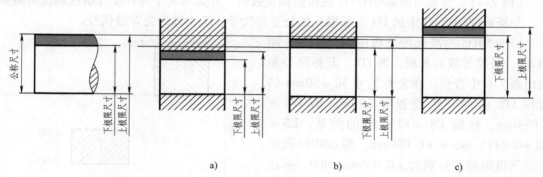

图 7-45　基轴制配合
a）过盈配合　b）过渡配合　c）间隙配合

5. 极限与配合的标注与查表

（1）在装配图上的标注形式　在装配图上标注配合代号，采用组合式注法，如图 7-46a 所示，在公称尺寸 φ18mm 和 φ14mm 后面，分别用一分式表示，分子为孔的公差带代号，分母为轴的公差带代号。通常分子中含 H 的为基孔制配合，分母中含 h 的为基轴制配合。

（2）在零件图上的标注形式　在零件图上标注公差带代号有以下三种形式：

1）在孔或轴的公称尺寸后面，注出基本偏差代号和公差等级，用公称尺寸数字的同号字体书写，如图 7-46b 中的 φ18H7。这种形式用于大批量生产的零件图上。

2）在孔或轴的公称尺寸后面，注出偏差值，上极限偏差注写在公称尺寸的右上方，下

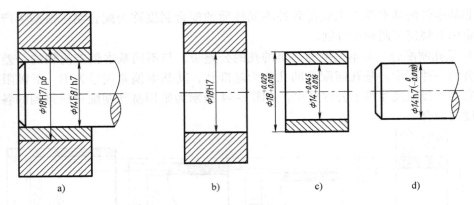

图7-46　图样上公差与配合的标注方法

极限偏差注写在公称尺寸的同一底线上，偏差值的字号比公称尺寸数字的字号小一号，如图7-46c 中的 $\phi18^{+0.029}_{+0.018}$mm 和 $\phi14^{+0.045}_{+0.016}$mm。若上、下极限偏差相同，而符号相反，则可简化标注，如 $\phi50$mm ±0.02mm（小数点后的最后一位数若为零，可省略不写）；若上极限偏差或下极限偏差为零，应注明"0"，且与另一偏差的个位对齐，如 $\phi30^{+0.125}_{0}$mm。这种形式用于单件或小批量生产的零件图上。

3）在孔或轴的公称尺寸后面，既注出基本偏差代号和公差等级，又注出偏差数值（偏差数值加括号），如图7-46d 中的 $\phi14h7$（$^{0}_{-0.018}$）。这种形式用于生产批量不定的零件图上。

（3）极限偏差值的查表方法示例。

[例7-4]　查表写出 $\phi50H8/f7$ 的极限偏差数值，并说明属于何种配合制度的配合类别。

分析：$\phi50H8/f7$ 中的 H8 为基准孔的公差带代号，f7 为轴的公差带代号。

1）$\phi50H8$ 基准孔的下极限偏差为零，即 EI $=0$，公差等级为8级，即 IT8。其标准公差值由表7-6中查到：在公称尺寸 30~50mm 的行和 IT8 的列交汇处查得 $39\mu m$，即 IT8 $=0.039$mm。根据 ES $=$ EI $+$ IT 的关系，ES $=$（$0+0.039$）mm $=+0.039$mm，即 $\phi50H8$ 孔的上、下极限偏差分别为 $+0.039$mm 和 0，标注为 $\phi50^{+0.039}_{0}$。

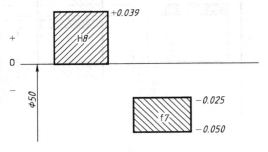

图7-47　$\phi50H8/f7$ 公差带图

2）$\phi50f7$ 轴的基本偏差代号为 f，查附录中表 F-3 可知其基本偏差为上极限偏差，其值该表中可查出：在公称尺寸 40~50mm 的行和公差带为 f 的列交汇处查得 $-25\mu m$，即 es $=-0.025$mm，其公差等级为7级，即 IT7，参照上一步可查得 $25\mu m$，即 IT7 $=0.025$mm，根据 ei $=$ es $-$ IT 的关系，ei $=-0.025$mm -0.025mm $=-0.050$mm，即轴的上、下极限偏差分别为 -0.025mm 和 -0.050mm，标注为 $\phi50^{-0.025}_{-0.050}$。从 $\phi50H8/f7$ 公差带图（见图7-47）可看出，孔的公差带在轴的公差带之上，所以该配合为基孔制间隙配合。$\phi50H8/f7$ 的含义为：公称尺寸为50mm、公差等级为8级的基准孔，与相同公称尺寸、公差等级为7级、基本偏差为 f 的轴组成的间隙配合。

查表时要注意两点：一是注意表中数字的单位，标注时必须统一单位；二是要注意尺寸段的划分，如 $\phi50$mm 要划在 30~50mm 的尺寸段内，而不要划在 50~80mm 的尺寸段内。

三、几何公差简介

1. 基本概念

零件经过加工后，不仅会产生尺寸误差，也会出现几何误差。如加工轴时，轴的直径大小符合尺寸要求，但其轴线有些弯曲，即零件产生了几何误差，仍然不是合格产品。如图7-48a 所示的圆柱销，除了注出直径的尺寸公差外，还标注了圆柱轴线的直线度 $\phi0.006$mm 形状公差要求。又如图7-48b 所示，箱体上两个孔是安装锥齿轮轴的孔，如果两孔的轴线歪斜太大，势必影响一对锥齿轮的啮合传动。为了保证正常的啮合，必须标注位置公差——垂直度。图中代号"⊥│0.05│A│"的意义是：水平孔的轴线对于另一个垂直孔的轴线有0.05mm 垂直度公差要求。

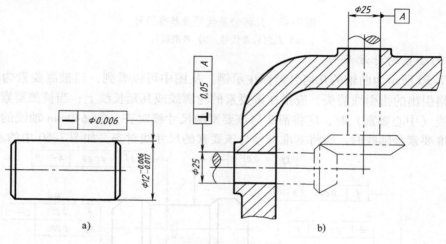

图 7-48　几何公差示例

由于几何形状和位置误差过大会影响机器的工作性能，为保证零件的性能，对精度要求高的零件，除应保证尺寸精度外，还应控制其几何形状和相对位置的误差。对几何形状和相对位置误差的控制是通过几何公差来实现的。

几何公差特征项目的分类及符号见表7-7。

表 7-7　几何公差特征项目的分类及符号

分类	项目	符号	分类		项目	符号
形状公差	直线度	—	位置公差	定向	平行度	//
	平面度	▱			垂直度	⊥
	圆度	○			倾斜度	∠
	圆柱度	⌭		定位	同轴（同心）度	◎
形状或位置公差	线轮廓度	⌒			对称度	＝
					位置度	⨁
	面轮廓度	⌓		跳动	圆跳动	↗
					全跳动	⌰

2. 几何公差代号

如图 7-49a 所示，几何公差代号包括了几何公差几何特征符号、公差框格及指引线、公差数值、基准字母等，图 7-49b 所示为标注几何公差的基准符号。

图 7-49　几何公差代号及基准符号

a）几何公差代号　b）基准符号

3. 几何公差的标注示例

如图 7-50 所示为曲轴的几何公差标注示例。从图中可以看到，当被测要素为轮廓要素时，从框格引出的指引线箭头，应指在该要素的轮廓线或其延长线上；当被测要素是轴线或对称中心线（中心要素）时，应将箭头与该要素的尺寸线对齐，如 $\phi40mm$ 轴线的平行度注法；当基准要素是轴线时，应将基准符号与该要素的尺寸线对齐，如图 7-50 中的基准 A。

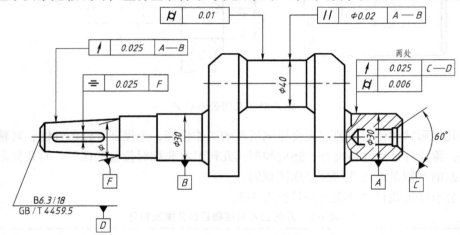

图 7-50　几何公差代号标注综合实例

第六节　读 零 件 图

零件图是制造和检验零件的依据，是反映零件结构、大小和技术要求的载体。正确、熟练地识读零件图，是工程技术人员和技术工人必须掌握的基本功，是生产合格产品的基础。读零件图的目的就是根据零件图想象零件的结构形状，了解零件的尺寸和技术要求。读零件图时，最好能结合零件在机器或部件中的位置、作用以及与其他零件的装配关系，这样才能更好地理解和读懂零件图。识读零件图的一般方法和步骤是：一看标题栏，了解零件概貌；二看视图，想象零件形状；三看尺寸标注，明确各部大小；四看技术要求，掌握质量指标。

　　零件是组成机器或部件的基本单元，根据零件的结构特点可将其分为四类：轴套类、轮盘类、箱体类和叉架类。下面以铣刀头（见图7-51、图7-52）为例，分别说明各类零件图的识读方法和步骤。

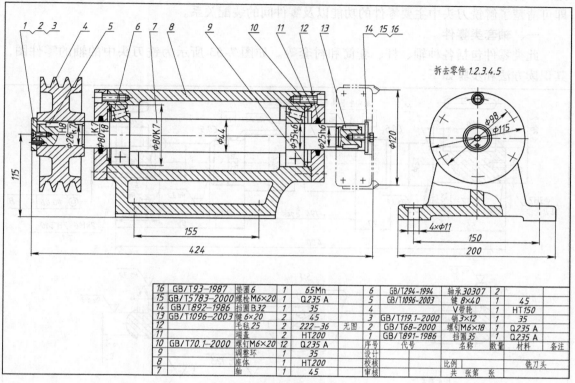

16	GB/T93—1987	垫圈6	1	65Mn		6	GB/T294—1994	轴承30307	2	
15	GB/T5783—2000	螺栓M6×20	1	Q235A		5	GB/T1096—2003	键8×40	1	45
14	GB/T892—1986	挡圈B32	1	35		4		V带轮	1	HT150
13	GB/T1096—2003	键6×20	2	45		3	GB/T119.1—2000	销3×12	1	35
12		毛毡25	2	222—36	无图	2	GB/T68—2000	螺钉M6×18	1	Q235A
11		端盖	2	HT200		1	GB/T891—1986	挡圈35	1	Q235A
10	GB/T70.1—2000	螺钉M6×20	12	Q235A		序号	代号	名称	数量	材料	备注
9		调整环	1	35		设计					
8		座体	1	HT200		校核		比例		铣刀头	
7		轴	1	45		审核		共 张第 张			

图7-51　铣刀头装配图

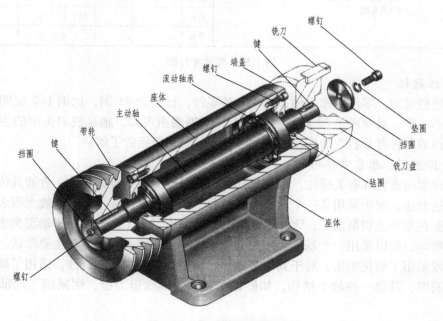

图7-52　铣刀头装配轴测图

　　铣刀头是铣床上的专用部件，从图 7-52 所示的铣刀头轴测装配图中可以看出，铣刀头工作原理是动力通过 V 带传给带轮，通过单个普通平键（轴的左端）联接传递给轴，再通过两个普通平键（轴的右端）联接带动刀盘旋转，对零件进行铣削加工。通过以上分析，即可清楚了解铣刀头中主要零件的功能以及零件间的装配关系。

一、轴套类零件

　　此类零件包括各种轴、杆、套筒和衬套等。如图 7-53 所示为铣刀头中的轴的零件图，其识读方法和步骤如下：

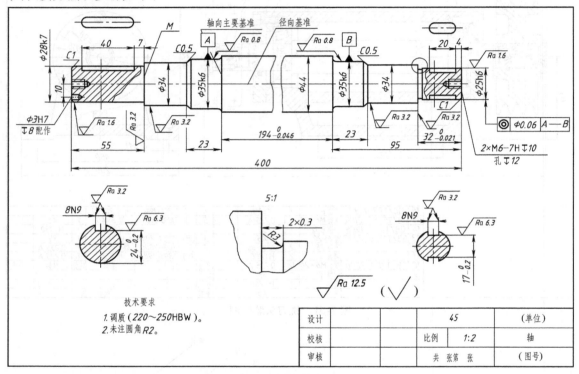

图 7-53　轴的零件图

　　1. 看标题栏

　　由标题栏可知，零件名称为轴，属轴套类零件，材料为 45 钢，比例 1:2 说明此零件图比实物缩小一半。对照图 7-52 所示的铣刀头装配轴测图可知，轴是铣刀头中的主要零件之一。从零件的名称可分析它的作用，由此可对零件有个概括的了解。

　　2. 分析图形、想象零件形状

　　根据视图的布置和有关标注，首先找到主视图，然后根据投影规律，看清其他视图以及采用的表达方法。图中采用了一个基本视图、两个移出断面图和一个局部放大图表达。

　　轴主要在车床上切削加工，因此主视图的安放采用了加工位置原则。轴套类零件的主要结构为回转体，所以采用一个基本视图加上尺寸标注，就能表达清楚其主要形状。截面相同的较长轴段采用了简化画法。对于其细部结构，如轴两端的螺孔和键槽，采用了局部剖视图和移出断面图，其他一些较小结构，如砂轮越程槽和螺纹退刀槽，则采用了局部放大图来表达。

3. 看尺寸标注

看懂图样上的尺寸标注，了解各部分的大小和相互位置，明确测量基准，是识读零件图重要的一步。轴套类零件，其基本形状是同轴回转体，所以其轴线常作为径向（高度和宽度方向）基准，以重要的端面作为轴向（长度方向）基准。

图中轴以水平轴线作为径向尺寸的主要基准，也是高度和宽度方向的尺寸基准，由此直接注出各轴段的直径尺寸；以中间最大直径轴段的左端面作为轴向（长度方向）尺寸的主要基准，由此注出 $194_{-0.046}^{0}$ mm、23mm 和 95mm；以右端面为轴向的第一辅助基准，注出尺寸 20mm、4mm、$32_{-0.021}^{0}$ mm 和总长度 400mm；以左端面为轴向的第二辅助基准，注出尺寸 55mm，选择表面粗糙度值为 $Ra3.2\mu m$ 的端面为第三辅助基准，注出尺寸 7mm。尺寸 95mm 是长度方向主要基准与辅助基准之间的联系尺寸。轴向尺寸不能注出封闭的尺寸链，选择了不重要的轴段 $\phi34$mm 作为开口环，不注长度方向尺寸。

4. 看技术要求

明确加工和测量方法，确保质量指标可从以下几方面来分析：

（1）极限配合与表面结构　为保证零件质量，重要的尺寸标有极限偏差（或公差），零件的工作表面标有表面粗糙度，对加工提出严格的要求。图中 $\phi28$k7、$\phi35$k6 和 $\phi25$h6 的轴段，表面粗糙度要求较严，Ra 上限值分别为 $1.6\mu m$ 和 $0.8\mu m$，这样的表面精度需要经过磨削才能达到。其余轴段的表面精度，车削就可以达到。

（2）几何公差　安装铣刀头的轴段 $\phi25$h6 尺寸线的延长线上所指的几何公差代号，表示 $\phi25$h6 的轴线对公共基准轴线 $A—B$ 同轴度公差为 $\phi0.06$mm，在加工过程中必须加以保证。

（3）其他技术要求　轴的材料为 45 钢，为了提高材料的强度和韧性需进行调质处理，硬度为 220～250HBW。

二、轮盘类零件

轮盘类零件包括各种手轮、带轮、法兰盘和端盖等。轮类零件多用于传递转矩；盘类零件则用于连接、支承和密封。如图 7-54 所示为铣刀头中端盖的零件图，其识读方法和步骤如下：

1. 看标题栏

由标题栏可知，零件名称为端盖，属盘类零件，材料为 HT150（灰铸铁），比例 1∶2 说明此零件图比实物缩小一半。

2. 分析图形、想象零件形状

从图形表达方案看，由于轮盘类零件一般都是短粗的回转体，主要在车床或镗床上加工，故主视图常将轴线水平放置，符合零件的加工位置原则。为表达内部结构，主视图常采用全剖视图。为表达外部轮廓，选取了一个左视图，因该零件是对称零件，左视图采用了简化画法，只画出了图形的一半，重点反映轮廓、沉孔等结构的分布情况，图中还采用局部放大图来表达密封槽的具体结构形状和大小。

3. 看尺寸标注

轮盘类零件的径向尺寸基准为轴线，由此直接注出了各轴段直径尺寸，其中 $\phi98$mm 是六个均布沉孔的定位尺寸；轴向尺寸以端盖的右端面为基准。端盖的形状比较简单，所以尺寸较少，容易看懂。

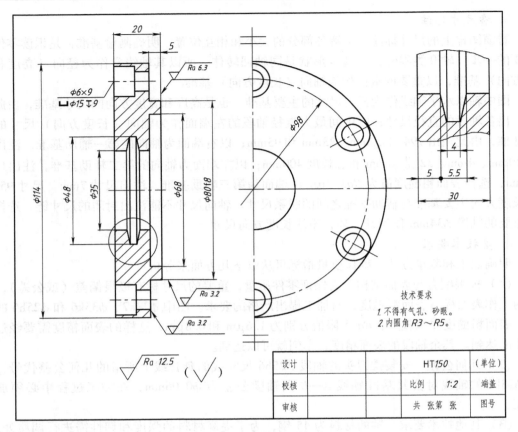

图 7-54　端盖的零件图

4. 看技术要求

端盖的配合面较少，所以技术要求简单，精度较低，只有尺寸 φ80f8 为配合尺寸。图中用文字注明了两条技术要求，第一条规定了铸件不得有气孔和砂眼，第二条内圆角应为 R3 ~ R5mm。

三、箱体类零件

常见的箱体类零件有各种减速箱体、泵体、阀体、机座和机体等。箱体类零件是机器或部件中的主要零件，体积较大，结构较复杂，其作用主要是包容和支承传动件，同时又是保护机器中其他零件的外壳。如图 7-55 所示为铣刀头中座体的零件图，其识读方法和步骤如下：

1. 看标题栏

由标题栏可知，零件名称为座体，箱体类零件，材料为 HT200（灰铸铁），比例 1:2 说明此零件图是实物大小的一半。座体在铣刀头部件中起支承轴、V 带轮和铣刀盘的作用，是铣刀头中的主要零件之一。

2. 分析图形、想象零件形状

座体属箱体类零件，外形和内腔结构都比较复杂。该零件的表达方案选用了两个基本视图和一个局部视图，其中主视图按工作位置放置，采用了全剖视图，表达了座体的形体特征和内部的空腔结构；左视图也采用了局部剖视图，表示底板和肋板的结构以及底板上沉孔和通槽的形状。由于座体前后对称，俯视图采用了 A 向局部视图，表示底板的圆角和安装孔

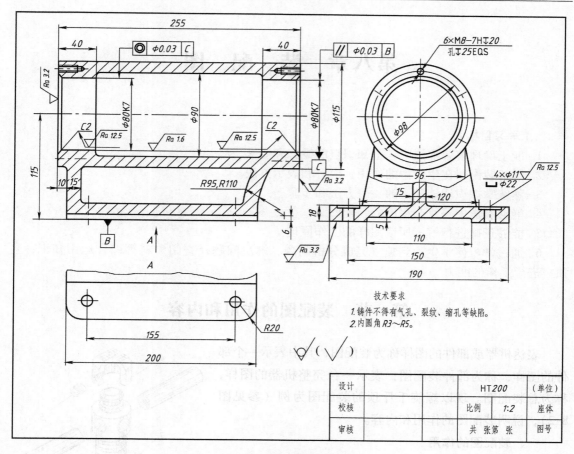

技术要求
1. 铸件不得有气孔、裂纹、缩孔等缺陷。
2. 内圆角 R3～R5。

设计		HT200	（单位）
校核		比例 1:2	座体
审核		共 张第 张	图号

图 7-55 座体的零件图

的位置。

3. 看尺寸标注

箱体类零件结构复杂，尺寸较多，因此尺寸分析也较困难，一般选用形体分析法标注尺寸。箱体类零件在尺寸标注或分析时应注意以下几个方面：

（1）重要轴孔对基准的定位　由图 7-55 可知，高度方向的主要尺寸基准为底面，圆筒的左或右端面为长度方向的主要基准，前后对称的中心面为宽度方向的主要基准，直接注出设计要求的结构尺寸和有配合要求的尺寸，主视图中尺寸 115mm 是确定圆筒轴线高度方向的定位尺寸。

（2）与其他零件有装配关系的尺寸　左视图和 A 向局部视图中的尺寸 150mm 和 155mm 是 4 个安装孔的定位尺寸，ϕ80K7 是座体与轴承外圈配合的尺寸。

4. 看技术要求

箱体类零件的技术要求，主要是支承传动轴的轴孔部分，其轴孔的尺寸精度、表面粗糙度和几何公差，都将直接影响铣刀头的使用性能，如尺寸 ϕ80K7，表面粗糙度 Ra 值的上限值为 1.6μm。主视图中对于座体的几何公差要求是：右端轴承孔轴线对于底面的平行度公差为 ϕ0.03mm，左端轴承孔轴线对于右端轴承孔轴线的同轴度公差为 ϕ0.03mm。

其余的技术要求，请读者自选分析。

第八章 装配图

【学习目标】
1. 能正确理解装配图中各个知识点的概念和要求。
2. 了解装配图在生产中的作用、内容和表示方法。
3. 熟练掌握识读装配图的一般方法和步骤。
4. 能够看懂中等复杂程度的装配图。
5. 能够正确进行解读所读图样的工作原理。
6. 通过学习使学生达到独立完成分析问题、解决问题及查阅资料等综合运用知识，且独立进行工作的能力。

第一节 装配图的作用和内容

表达机器或部件的图样称为装配图，其中表示一个部件的图样，称为部件装配图；表示一台完整机器的图样，称为总装配图。现以螺旋千斤顶的装配图为例（参见图8-2），说明装配图的作用和内容。

一、装配图的作用

机器或部件在设计过程中，首先要画出装配图，以反映设计者的意图，表达机器或部件的工作原理和性能，确定各个零件的结构形状及其之间的连接方式和装配关系，然后根据装配图绘制零件图。制定装配工艺规程，进行装配、检验及维修，均以装配图为依据。同时，装配图也是引进技术进行互相交流的重要工具。

二、装配图的内容

参照图8-1所示螺旋千斤顶分解图，再看图8-2所示螺旋千斤顶装配图，不难看出，一张完整的装配图由以下几个方面的内容组成：

1. 一组视图

一组视图用以说明机器或部件的工作原理、结构特点、零件之间的相对位置、装配连接关系等。如图8-2所示螺旋千斤顶装配图采用了主、俯两个基本视图，主视图采用全剖视图（实心件按不剖表达）的画法，表达了主要零件（底座、螺套、螺杆、螺钉）的结构形状和装配

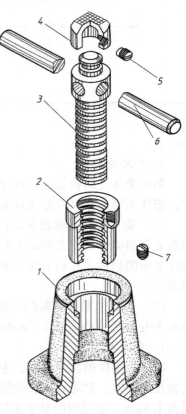

图8-1 螺旋千斤顶分解图
1—底座 2—螺套 3—螺杆
4—顶垫 5、7—螺钉 6—铰杠

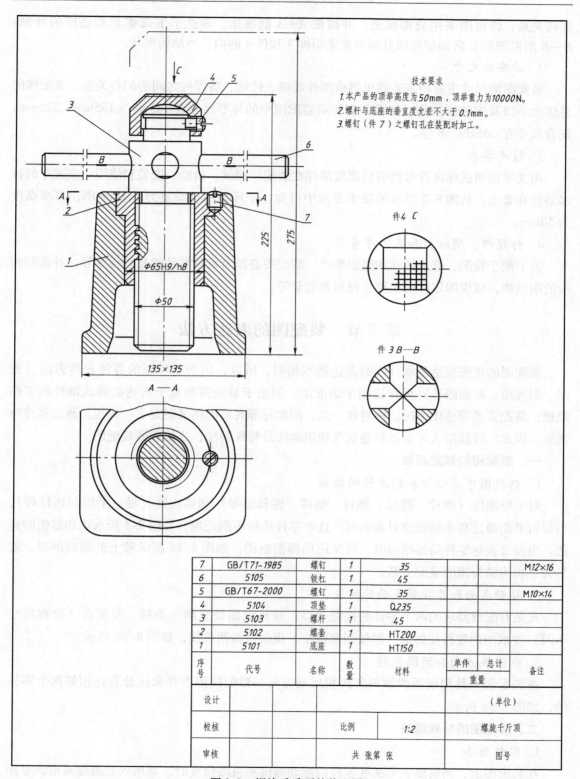

技术要求

1. 本产品的顶举高度为50mm，顶举重力为10000N。
2. 螺杆与底座的垂直度允差不大于0.1mm。
3. 螺钉（件7）之螺钉孔在装配时加工。

件4 C

件3 B—B

序号	代号	名称	数量	材料	单件	总计	备注
7	GB/T71-1985	螺钉	1	35			M12×16
6	5105	铰杠	1	45			
5	GB/T67-2000	螺钉	1	35			M10×14
4	5104	顶垫	1	Q235			
3	5103	螺杆	1	45			
2	5102	螺套	1	HT200			
1	5101	底座	1	HT150			
序号	代号	名称	数量	材料	单件	总计	备注
					重量		

设计						（单位）
校核		比例		1:2		螺旋千斤顶
审核			共 张第 张			图号

图8-2　螺旋千斤顶的装配图

连接关系；俯视图采用局部视图，并画成 A—A 剖视图，表达了下部螺套和底座的外形；B—B 剖视图和 C 向局部视图分别补充说明件 3 和件 4 的内、外结构形状。

　　2. 必要的尺寸

　　装配图的尺寸主要用来表达机器或部件规格、性能、各零件之间的配合关系、装配体的总体大小以及安装要求等。如图 8-2 所示装配图中的外形尺寸有 135mm × 135mm、225mm；配合尺寸有 ϕ65H9/h8 等。

　　3. 技术要求

　　用文字说明或标注符号指明机器或部件在装配、调试、检验、安装和使用中应遵守的技术条件和要求。从图 8-2 所示的技术要求中可知，千斤顶的顶举重力为 10000N，顶举高度为 50mm。

　　4. 标题栏、明细栏和零件序号

　　为了便于看图、管理图样和组织生产，装配图必须对每种零件编写零件序号，并编制相应的明细栏，以说明零件的名称、材料和数量等。

第二节　装配图的表达方法

　　装配图的视图表达和零件图的表达基本相同，所以，用于零件图的各种表达方法（视图、剖视图、断面图等）同样适用于装配图。但由于装配图侧重于表达机器或部件的工作原理、装配关系等整体情况，针对这一点，国家标准对装配图又制定了一些规定画法和特殊画法。因此，技能型人才必须熟悉这些规定画法及特殊画法，才能看懂装配图。

一、装配图的规定画法

　　1. 剖视图中实心件和标准件的画法

　　对于标准件（螺栓、螺母、螺钉、垫圈、键和销等）和实心件（轴、手柄和连杆等），当剖切平面通过基本轴线或对称面时，这些零件均按不剖处理，如图 8-3 所示轴和锥销的画法。当需要表达零件局部结构时，可采用局部剖视图，如图 8-3a 所示轴上的局部剖视，就是为了表达轴与销的装配关系。

　　2. 接触表面和非接触表面的区分

　　凡是有配合要求的两个零件的接触表面，在接触面处只画一条线；非配合（公称尺寸不同）要求的两零件接触面，即使间隙很小，也必须画两条线，如图 8-3b 所示。

　　3. 剖面线方向和间隔问题

　　在装配图上是用剖面线倾斜方向相反或方向一致但间隔不等来区分表达相邻两个零件的，如图 8-3a 所示。

二、装配图的特殊画法

　　1. 假想画法

　　在装配图上，当需要表示某些零件的运动范围和极限位置时，可用双点画线画出该零件在极限位置的外形图，如图 8-2 所示螺杆升到的最高位置即是用双点画线表达的。

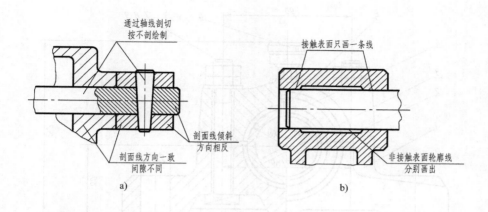

图 8-3 规定画法

2. 零件的单独表示法

在装配图中，可用视图、剖视图或剖面图单独表达某个零件的结构形状，但必须在视图上方标注对应的说明，如图 8-2 所示件 3 的"*B—B*"断面图和件 4 的"*C* 向"局部视图。

3. 拆卸画法

在装配图中，当某些零件遮住了所需表达的其他部分时，可以这样表示：被横向剖切的实心件，如螺栓、轴、销等需画上剖面线，而结合处不画剖面线，但需要说明时加有标注"拆去××等"。如图 8-4 所示滑动轴承座装配图的俯视图即是采用了这种表达方法。

4. 简化画法

1）在装配图中，当剖切平面通过某些标准产品的部件或该部件已由其他图形表示清楚时，可按不剖绘制，如图 8-4 所示滑动轴承座主视图中的油杯的画法。

2）对于装配图中若干相同的零件或零件组，可只详细地画出一组，其余的以点画线表示其中心位置即可，如图 8-5a 所示。

3）在装配图中，零件的圆角、倒角、凹坑、凸台、沟槽、滚花、刻线及其他细节可省略不画，如图 8-5b 所示。

4）在装配图中，滚动轴承允许采用如图 8-5b 所示的表示方法，即对称的两部分一侧采用规定画法，另一侧按简化画法。

5. 夸大画法

对装配图上的薄片、细金属丝、小间隙以及斜度、锥度很小的表面，如按实际尺寸画，很难将其表示清楚，这时允许夸大画出，即将薄部加厚，细部加粗，间隙加宽，斜、锥度加大到较明显的程度。对于厚度、直径不超过 2mm 的被剖切的薄、细零件，其剖面线可以用涂黑来代替，如图 8-5b 所示。

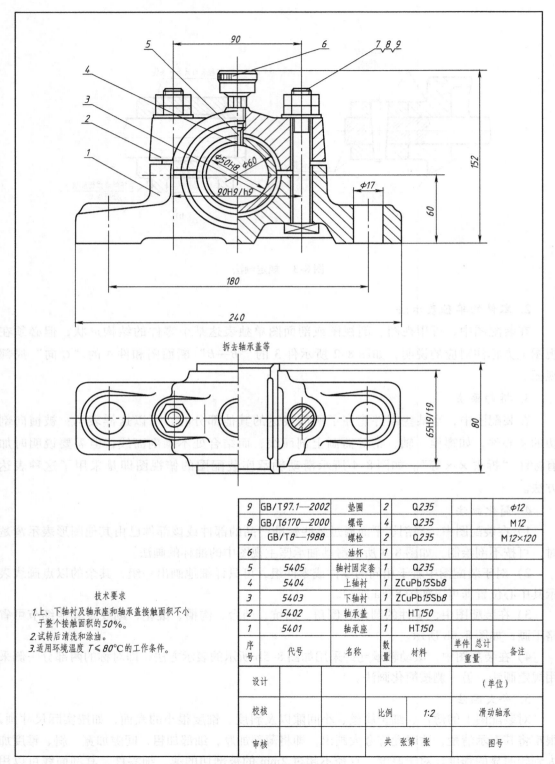

拆去轴承盖等

9	GB/T97.1—2002	垫圈	2	Q235			Φ12
8	GB/T6170—2000	螺母	4	Q235			M12
7	GB/T8—1988	螺栓	2	Q235			M12×120
6		油杯	1				
5	5405	轴衬固定套	1	Q235			
4	5404	上轴衬	1	ZCuPb15Sb8			
3	5403	下轴衬	1	ZCuPb15Sb8			
2	5402	轴承盖	1	HT150			
1	5401	轴承座	1	HT150			
序号	代号	名称	数量	材料	单件	总计	备注
					重量		
设计					(单位)		
校核			比例	1:2	滑动轴承		
审核			共 张第 张		图号		

技术要求

1. 上、下轴衬及轴承座和轴承盖接触面积不小于整个接触面积的50%。
2. 试转后清洗和涂油。
3. 适用环境温度 T≤80℃的工作条件。

图8-4 滑动轴承座装配图

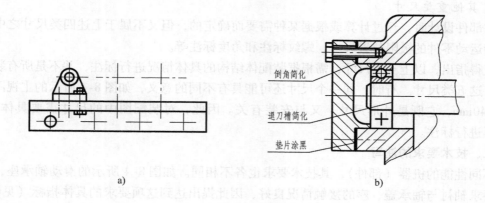

图 8-5 简化画法

第三节 装配图的尺寸标注和技术要求

一、尺寸标注

装配图中应标注以下几类尺寸：

1. 性能（规格）尺寸

这类尺寸表明装配体的工作性能或规格大小，一般是在设计时确定。如图 8-4 所示滑动轴承座的孔径 ϕ50H8，反映了该部件所支承的轴的直径大小，因而它是规格尺寸；再如图 7-51 所示铣刀头装配图中的中心高 115mm 和刀盘直径 ϕ120mm，表明铣刀头所能加工零件的范围。

2. 装配尺寸

这类尺寸是表示装配体上相关联零件之间装配关系的尺寸，包括配合尺寸和相对位置尺寸。

（1）配合尺寸 配合尺寸是重要装配关系的尺寸，是零件间有公差配合要求的尺寸。如图 8-4 所示滑动轴承中轴承盖与轴承座止口的配合尺寸为 90H9/h9，上、下轴衬与轴承盖、座的配合尺寸为 65H9/f 9。

（2）相对位置尺寸 如图 8-4 中的尺寸 90mm，它表示两螺栓轴线的距离。

3. 安装尺寸

安装尺寸表示机器或部件安装在地基或其他设备上所需要的尺寸。如图 8-4 所示滑动轴承座上安装孔的直径 ϕ17mm 及孔间距 180mm；图 7-51 所示铣刀头装配图中的安装孔直径 ϕ11mm 及其定位尺寸 155mm 和 150mm。

4. 外形尺寸

外形尺寸表示机器或部件外形轮廓的尺寸，即总长、总宽、总高，这类尺寸表明了机器（部件）所占空间的大小，常作为包装、运输、安装和车间平面布置的依据。如图 8-4 中所示的尺寸 240mm、80mm 和 152mm。

5. 其他重要尺寸

在部件设计时，经过计算或根据某种需要而确定的，但又不属于上述四类尺寸之中的尺寸，如运动零件的极限位置尺寸、螺纹标注和角度标注等。

值得指出，以上五类尺寸，需根据装配体结构的具体情况进行标注，并不是所有装配体都具有这五类尺寸。有时，同一个尺寸还可能具有不同的意义，如图8-4所示的主视图上的尺寸240mm，它既是外形尺寸，又与安装有关。因此，对装配图中的尺寸需要具体分析，然后再进行标注。

二、技术要求的注写

不同性能的机器（部件），其技术要求也各不相同。如图8-4所示的滑动轴承座，在装配时要求轴衬与轴承盖、座的接触情况良好，因此提出达到这项要求的具体指标（见图8-4中技术要求）。

第四节 装配图上的序号和明细栏

为了便于看图和图样管理以及做好生产准备工作，对装配图中所有零件必须编写序号，同时，在标题栏上方的明细栏中与图中字号——对应地予以列出。

一、装配图中的零件（部件）序号

1. 编写序号的方法

编写序号通常有如下两种方法：

1）方法1：将装配图中所有零件按顺序编号，如图8-4所示。

2）方法2：将装配图中的非标准件，按顺序进行编号，标准件不编序号，而将它的规定标记直接注写在图纸相应标准件的附近。

2. 编写序号的形式

编写序号的形式有下列三种：

1）序号写在指引线一端的水平横线上方，序号数字可比视图中的尺寸数字大一号或两号，如图8-6a所示。

2）序号写在指引线一端的圆圈内，序号数字比图中尺寸数字大一号或两号，如图8-6b所示。

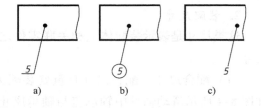

图8-6 编号形式

3）序号写在指引线一端附近，序号数字可比图中尺寸数字大两号，如图8-6c所示。

3. 编写序号的有关规定

1）每一种零件在视图上只编写一个序号，对同一标准部件（如油杯、轴承和电动机等）在装配图上一般只编写一个序号。

2）指引线和其他相连的横线或圆圈一律用细实线绘制。横线或圆圈一般画在图形外的适当位置。

3）指引线应自所指零件的可见轮廓内引出，并在末端画一小圆点，如图8-7a所示。若所指零件很薄或是涂黑的剖面不宜画圆点时，可在指引线末端画出指向该部分轮廓的箭头，如图 8-7b 所示。

4）指引线尽可能均匀分布且不能相交，一般画成与水平方向倾斜一定角度。

5）指引线不应与剖面线平行，必要时可画成折线，但只允许弯折一次，如图 8-7a 所示。

6）指引线末端为圆圈时，直线部分的延长线应过圆心，如图 8-6b 所示。

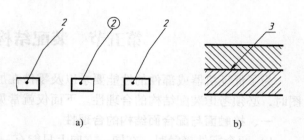

图 8-7　指引线的画法

7）一组紧固件及装配关系清楚的零件组，可以采用公共指引线，如图 8-8 所示为公共指引线的画法。

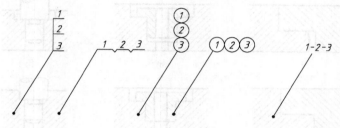

图 8-8　公共指引线的画法

8）为了保持图样清晰和便于查找零件，序号可在视图周围或整张图纸内按顺时针或逆时针顺次排列成一圈或按水平以及铅垂方向整齐排列成行，如图 8-4 所示。

二、明细栏

明细栏是装配图中全部零件的详细目录，其内容一般有序号、名称、数量、材料及备注。所有的零件均按顺序填入明细栏中，注意明细栏中的序号必须与图中所注的序号一致。明细栏一般在标题栏的上方，若位置不够时可直接画在标题栏的左方。明细栏左右外框线为粗实线，内部和顶线为细实线，零件序号按自下而上填写。

明细栏的内容、尺寸和格式已经标准化，作业时建议采用如图 8-9 所示的简化格式。

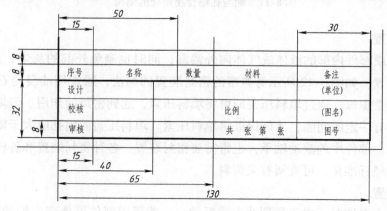

图 8-9　装配图上的标题栏及明细栏

第五节　装配结构合理性简介

为了保证机器或部件的性能要求以及零件在加工和装拆时的方便，设计过程和绘制装配图时，必须考虑装配结构的合理性。下面仅就常见装配结构的画法加以介绍。

一、接触面与配合面结构的合理性

1) 两个零件接触时，在同一方向上只能有一个接触面和配合面，如图 8-10 所示。

2) 当轴肩与孔端面接触时，应在孔的接触端面上制成倒角或在轴肩根部切槽，以保证轴肩与孔的端面紧密接触，如图 8-11 所示。

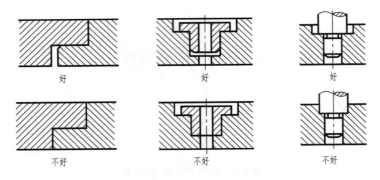

图 8-10　两零件接触面的正误对比

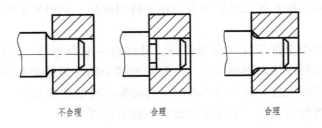

图 8-11　轴与孔结合拐角处的结构

二、密封装置

为防止机器或部件内部的液体或气体向外渗漏，同时也避免外部的灰尘、杂质等侵入，必须采用密封装置。如图 8-12 所示为典型的密封装置的画法，通常用油浸的石棉绳或橡胶作填料，拧紧压盖螺母，通过填料压盖即可将填料压紧，起到密封的作用。但填料压盖与泵体面之间必须留有一定的间隙，才能保证将填料压紧。填料压盖的内孔应大于轴径，以免轴转动时产生摩擦。部件中的滚动轴承，也常需要密封装置。各种密封装置和各种密封方法所用的零件有的已经标准化，可查阅有关资料。

三、防松装置

机器或部件在工作时，由于受到冲击或振动，一些紧固部位可能产生松动现象。因此，在某些装置中需要采用防松结构。如图 8-13 所示为几种常用的防松结构。

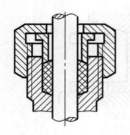
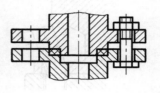

图 8-12 密封结构的画法

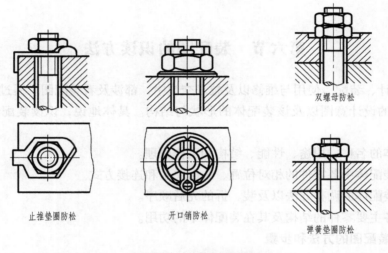

双螺母防松

止推垫圈防松 开口销防松

弹簧垫圈防松

图 8-13 几种防松结构

四、考虑安装和拆卸的方便

对部件中需要经常拆卸的零件，应留有拆卸工具的活动范围，如图 8-14a 所示，而图 8-14b 所示的结构，由于空间太小，扳手无法使用，是不合理的设计。再如图 8-15a 所示结构，螺钉无法放入，应改为如图 8-15b 所示，留有放入螺钉的空间。

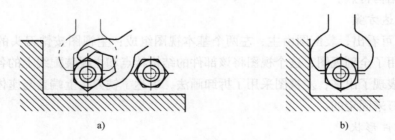

a) b)

图 8-14 应留有扳手活动空间

a) 合理 b) 不合理

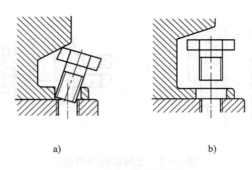

a)　　　　　　　　　　　　　　b)

图 8-15　应留有螺钉装拆空间

a）不合理　b）合理

第六节　装配图的识读方法

在机械设计、装配、使用与维修以及技术交流中，都涉及看装配图。通过看装配图，可以了解设计者的设计意图以及该装配体的形状与结构。具体地说，识读装配图要求了解的内容如下：

1）装配体的名称、用途、性能、结构和工作原理。

2）明确装配体中各零件的相对位置、装配关系和连接方式。

3）了解装配体的调整方法以及装、拆的先后顺序。

4）读懂各主要零件的结构及其在装配体中的功用。

一、识读装配图的方法和步骤

现以图 7-51 所示铣刀头装配图为例，对照图 7-52 所示的装配轴测图，说明看装配图的一般方法和步骤。

1. 概括了解

从标题栏和明细栏中可以了解到该部件的名称、材料和数量，按图上的编号可以了解各零件的大体装配情况。当遇上较为复杂的部件时，可以参阅有关文字资料和产品说明书了解其工作原理和结构特点。

2. 分析表达方案

由图 7-51 可看出，装配图由主、左两个基本视图组成：主视图按铣刀头的实际工作位置选取，并采用了全剖视图，这个视图将该部件的结构特点和主要装配线上的各零件间的装配关系大部分表现了出来；左视图采用了拆卸画法，表达了铣刀头上端盖与座体的联接是用均布的六个螺钉来固定的。

3. 分析零件形状

以主视图为中心，结合左视图，对照明细栏和图上的序号，逐一了解各零件的形状。由于我们已熟悉了联接件和常用件的表达方法及其联接形式，因此，不难首先把它们从图上识别出来，再将剩下的为数不多的一般零件，按先简单后复杂的顺序来识读，将看懂的零件逐个"分离"出去，最后集中分析较为复杂的零件。例如，在铣刀头的装配图中，首先把螺钉、键、销等联接件和立即能看清的带轮，从图中"分离"出去，再将端盖、轴承等"取走"，就只剩下比较复杂的座体了，再按前面讲过的看图方法，将该零件的形状看懂。

4. 分析尺寸，了解技术要求

装配图中标注的必要尺寸，包括规格（性能）尺寸、装配尺寸、安装尺寸和总体尺寸，其中装配尺寸与技术要求有密切关系，应仔细分析。

5. 归纳总结，想象整体形状

经过分析，在看懂各零件的形状后，对整个装配体尚不能形成完整的概念，必须把看懂了的各个零件，按其所在装配体中的位置及给定的装配连接关系，加以综合、想象，从而获得一个完整的装配体形象。归纳总结的具体内容是：

1）总结装配关系——弄懂零件的连接方式、配合关系和接触情况，如通过主视图中的 $\phi80K7$ 的尺寸标注，可看出轴承和座体孔是过渡配合。

2）总结动作原理——弄清哪些是运动件，其运动形式、运动范围、运动中对其他零件的影响等。通过上述分析可知，铣刀头的动作原理是：动力源通过传动带传递给带轮，带轮通过键传递给轴，从而使轴作旋转运动，实现切削加工。

3）总结装拆顺序（同学可自行列出装拆顺序）。

二、读装配图举例

[例8-1] 识读图8-16所示机用虎钳装配图。

对照图8-17所示机用虎钳装配轴测图读图，其方法和步骤如下：

1. 概括了解

机用虎钳是安装在机床工作台上，用于夹紧工件，以便进行切削加工的一种通用工具。通过阅读标题栏、明细栏可知，机用虎钳由11种零件组成，其中螺钉10、圆柱销7是标准件，其他为专用件。

装配图中采用了三个基本视图和一个表示单独零件的视图（2号件）来表达，主视图采用了全剖视图，反映了机用虎钳的工作原理和零件间的装配关系；俯视图反映了固定钳座的结构形状，并且通过局部剖视表达了钳口板与固定钳身连接的局部结构；左视图采用A—A半剖视图，剖切位置从主视图中查找。

2. 工作原理和装配关系

在主视图上可以看出机用虎钳的工作原理：旋转螺杆8使螺母块9带动活动钳身4作水平方向的左右移动，夹紧工件进行切削加工，最大的夹持厚度为70mm，图中的双点画线表示活动钳身的极限位置。

在主视图上同样可以看出主要零件的装配关系：螺母块从固定钳座1的下方空腔装入工字形槽内，再装入螺杆，并用垫圈11、垫圈5及环6和销7将螺杆轴向固定；通过螺钉3将活动钳身与螺母块相联接，最后用螺钉10将两块钳口板2分别与固定钳座和活动钳身联接。

3. 分析尺寸，了解技术要求

机用虎钳装配图中标注的装配尺寸有四处：$\phi12H8/f7$ 是固定钳身和螺杆的配合尺寸，

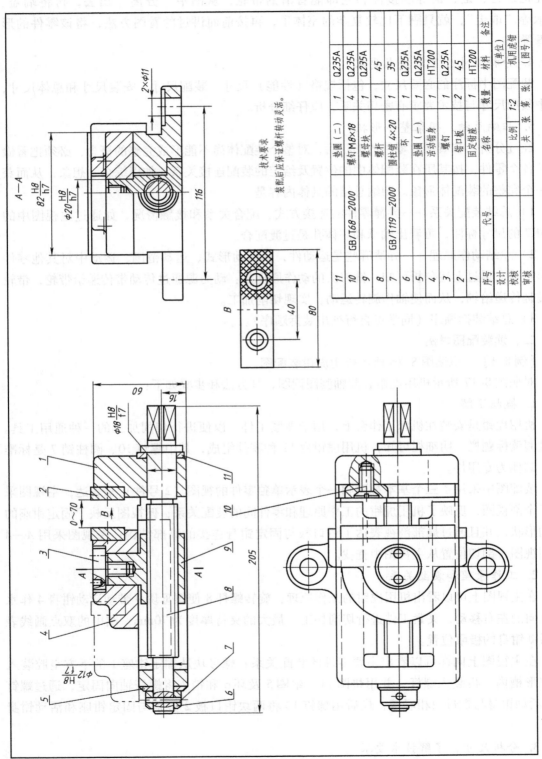

技术要求

装配后应保证螺杆转动灵活。

序号	代号	名称	数量	材料	备注
11	GB/T68—2000	垫圈（二）	1	Q235A	
10		螺钉M8×18	4	Q235A	
9		螺母块	1	Q235A	
8		螺杆	1	45	
7	GB/T119—2000	圆柱销4×20	1	35	
6		环	1	Q235A	
5		垫圈（一）	1	Q235A	
4		活动钳身	1	HT200	
3		螺钉	1	Q235A	
2		钳口板	2	45	
1		固定钳座	1	HT200	

比例 1:2　机用虎钳（图号）

图 8-16　机用虎钳装配图

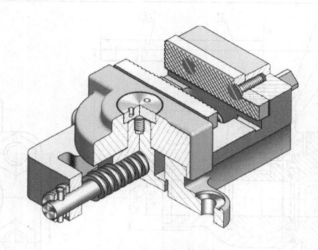

图 8-17　机用虎钳装配轴测图

82H8/f7 是固定钳身和活动钳身的配合尺寸，ϕ20H8/h7 是螺母块和活动钳身的配合尺寸。为了便于装拆，四处均采用基孔制的间隙配合。此外，技术要求还包括部件在装配过程中或装配后必须达到的技术指标（如装配的工艺和精度要求），以及对部件的工作性能、调试与检验方法、外观等的要求。

[例 8-2]　识读图 8-18 所示球阀装配图。对照图 8-19 所示球阀装配轴测图识读，其读图方法和步骤如下：

1. 概括了解

从标题栏中了解装配体的名称是球阀。从明细栏和序号中可知球阀由 13 种零件组成，其中标准件两种。按序号依次查明各零件的名称和所在位置。装配图由三个基本视图表达，主视图采用全剖视，表达各零件之间的装配关系；左视图采用拆去扳手的半剖视，表达球阀的内部结构及阀盖方形凸缘的外形；俯视图采用局部剖视，主要表达球阀的外形。

2. 了解装配关系和工作原理

分析部件中各零件之间的装配关系，并读懂部件的工作原理，是读装配图的重要环节。通过球阀装配轴测图和球阀装配图对照，从主视图的剖视可知球阀的装配关系为：阀芯装入阀体空腔内，阀体和阀盖依靠 4 个螺柱联接，阀芯的左右进出口各有密封圈，形成第一道密封，阀杆与阀体之间有填料装入，形成第二道密封。

球阀的工作原理比较简单，图中所示阀芯的位置为阀门全部开启管道畅通的情形。当扳手按顺时针方向旋转 90°时（图中双点画线为扳手转动的极限位置），阀门全部关闭，管道断流。所以，阀芯是球阀的关键零件。

3. 分析尺寸，了解技术要求

装配图中标注的必要尺寸有：规格尺寸 ϕ20mm；安装尺寸 M36×2；总体尺寸 115mm ±1.1mm、121.5mm；装配尺寸 84mm、ϕ50H11/h11、ϕ14H7/c11、ϕ18H11/c11。此外，技术要求还包括部件在装配过程中或装配后必须达到的技术指标，以及对部件的工作性能、调试与检验方法、外观等要求。

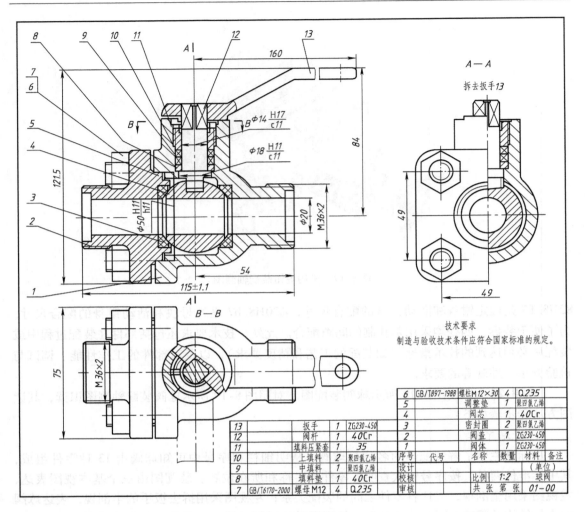

图 8-18　球阀装配图

6	GB/T897-1988	螺柱 M12×30	4	Q235	
5		调整垫	1	聚四氯乙烯	
4		阀芯	1	40Cr	
3		密封圈	2	聚四氯乙烯	
2		阀盖	1	ZG230-450	
1		阀体	1	ZG230-450	
序号	代号	名称	数量	材料	备注
设计					(单位)
校核			比例 1:2		球阀
审核			共　张　第　张		01-00

13		扳手	1	ZG230-450
12		阀杆	1	40Cr
11		填料压紧套	1	35
10		上填料	2	聚四氯乙烯
9		中填料	1	聚四氯乙烯
8		填料垫	1	40Cr
7	GB/T6170-2000	螺母 M12	4	Q235

技术要求

制造与验收技术条件应符合国家标准的规定。

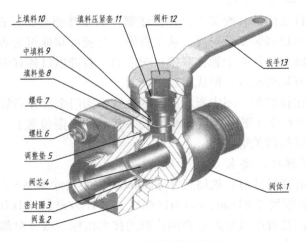

图 8-19　球阀装配轴测图

第九章　展　开　图

【学习目标】

1. 理解展开图中各种知识点的概念和要求。
2. 了解展开图在生产中的实际应用场合。
3. 理解表面展开的关键是求实长。
4. 熟悉并掌握画展开图的基本方法。
5. 培养能够看懂视图画展开图的能力；要求学生能用放样做出纸模、粘贴成形，验证展开图的正确程度。
6. 培养学生独立分析问题、解决问题及查阅资料且独立进行工作的能力。

在工业生产中，经常会遇到金属板制件。这种制件在制造过程中必须先在金属板上画出展开图，然后下料、加工成形，最后焊接、咬接或铆接而成。

将制件的各表面，按其实际形状和大小，依次摊平在一个平面上，称为制件的表面展开。表达这种展开的平面图形，称为表面展开图，简称展开图。如图9-1所示是集粉筒上喇叭管的展开示例。

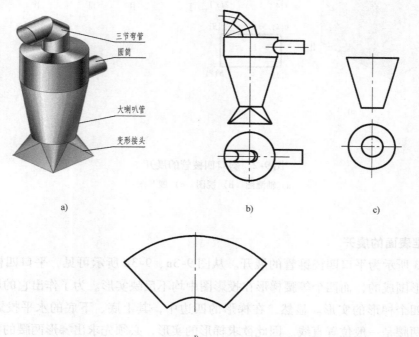

a)　　　　　　　　　　　b)　　　　　　　　　c)

d)

图9-1　金属板制件展开示例

a) 集粉筒轴测图　b) 视图　c) 喇叭管实样图　d) 喇叭管展开图（放样图）

制造时，根据零件图上的尺寸在钢板或铁皮上按 1∶1 大小画所需部分的展开图，如图 9-1d 所示即为喇叭管展开图。展开图也叫放样图。通常板制件都需要经过放样、下料、卷弯、弯折和焊接等工序才能制成。

第一节　平面立体的表面展开

由于平面立体的表面都是平面，因此将平面立体各表面的实形求出后，依次排列在一个平面上，即可得到平面立体的表面展开图。

一、棱柱表面的展开图

如图 9-2a 所示为一斜口四棱管，由于底边与水平面平行，因此其水平投影反映各底边实长。同时，由于棱线与底面垂直，因此其正面投影反映各棱线实长。由此可直接画出展开图，如图 9-2c 所示。

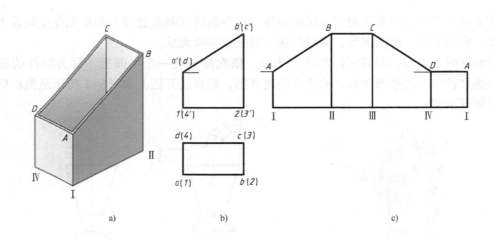

图 9-2　斜口四棱管的展开

a）轴测图　b）视图　c）展开图

二、棱锥表面的展开

如图 9-3 所示为平口四棱锥管的展开。从图 9-3a、9-3b 所示可见，平口四棱锥管是由四个等腰梯形围成的，而四个等腰梯形在投影图中均不反映实形。为了作出它的展开图，必须先求出这四个梯形的实形。显然，在梯形的四边中，其上底、下底的水平投影反映其实长，梯形的两腰是一般位置直线。因此欲求梯形的实形，必须先求出梯形两腰的实长。必须注意，仅知道梯形的四边实长，其实形仍是不定的，因此还需要把梯形的对角线长度求出来（即化成两个三角形来处理）。

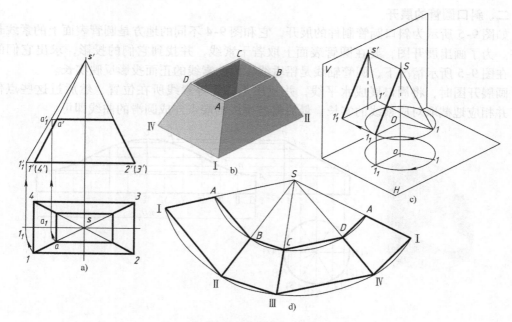

图 9-3 平口四棱锥管的展开

a) 视图　b) 轴测图　c) 实长图　d) 展开图

第二节　圆管制件的展开

如制件以铁皮或薄钢管为材料，不计板厚，即板厚不影响制件的尺寸精度和制件形状时，则按几何表面展开的方法作图。以下如无特别说明，都是不计板厚的影响。

一、圆管的展开

如图 9-4 所示为圆管的展开，其展开图是个矩形，矩形的一直角边是圆口的展开线，即长度等于圆口周长的直径，另一直角边是圆管表面上某一位置（如视图中最左边）的直素线（通称缝合线），它的长度等于圆柱的高。

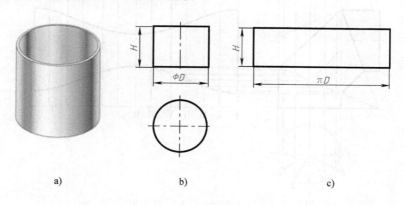

图 9-4　圆管的展开

a) 轴测图　b) 视图　c) 展开图

二、斜口圆管的展开

如图 9-5 所示为斜口圆管制件的展开，它和图 9-4 不同的地方是圆管表面上的素线长短不齐。为了画出展开图，要在圆管表面上取若干素线，并找到它们的投影，求出它们的实长。在图 9-5 所示情况下，圆管轴线是铅垂线，因此素线的正面投影反映实长。

画展开图时，将周口展成水平线，并找出 I、II 等素线所在位置，然后过这些点作垂线，并相应地截取对应素线的实长，最后将各垂线的端点连成圆滑的曲线即可。

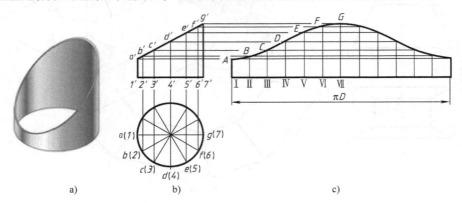

图 9-5　斜口圆管的展开
a）轴测图　b）视图　c）展开图

注意：若将圆管的圆周分成 12 等分，这样作图比较方便，同时也使所得端点的分布比较均匀。

三、等径弯管的展开

如图 9-6 所示为等径弯管展开图，它是图 9-1 所示集粉筒上部的三节弯管，每节为一斜截正圆柱面，两端的端节是中间各节的一半，各中间节的长度和形状都相同，且各中间节与各自中部的横截面相对称，可按图 9-5 所示的展开画法画出每节展开图。

为节省材料和提高工效，把三节斜口圆管拼合成一圆管来展开，即把中间节绕其轴线旋转 180°，再拼合上节和下节，如图 9-6a 主视图中两个端节和一个中间节的投影图所示，然

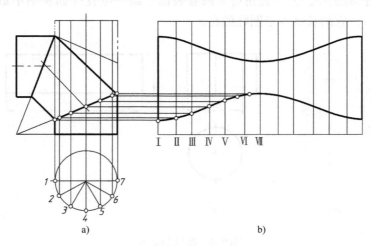

图 9-6　等径弯管的展开

后一次画出三节直角弯管的展开图，如图 9-6b 所示。其作图方法与图 9-5 所示的斜截口圆管展开图的画法完全相同，两曲线的中间部分则是中间节的展开图。

第三节　锥管制件的展开

一、正圆锥管的展开

如图 9-7a 所示是正圆锥管件的展开，它是计算法画出的展开图。由图可知，它是个扇形，扇形半径等于圆锥母线的长度，弧长等于圆锥底圆的周长，扇形角 $\alpha = \dfrac{180°D}{R}$。

用作图法画锥管的展开图时，以内接正棱锥的三角形棱面代替相邻两素线间所夹的锥面，顺次展开，如图 9-7b 所示。

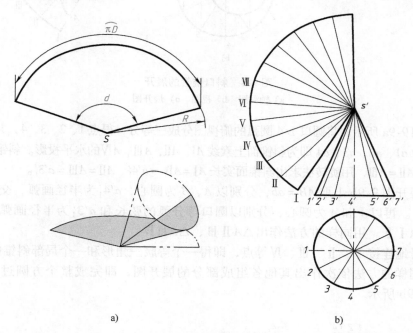

a)　　　　　　　　　　　　　　b)

图 9-7　正圆锥管的展开

a）用计算法画展开图　b）用作图法画展开图

二、斜口锥管的展开

如图 9-8 所示是斜口锥管的展开图。从视图可以看出，锥管的轴线为铅垂线，因此锥管的正面投影的轮廓线 $1's'$ 和 $7's'$ 反映了锥管最左、最右素线的实长，其他位置素线的实长，从视图上不能直接得到，可用旋转法求出。画展开图时，可先画出完整锥管的扇形，然后画出锥管切顶后各素线余下部分的实长，如 $ⅡB$、$ⅢC$……等，最后将 A、B、C、D 诸点连接成圆滑曲线。

三、方圆过渡接头的展开

如图 9-9 所示是方圆过渡接头的展开图，它是圆管过渡到方管的一个中间接头制件。从图中可以看出，它由四个全等的等腰三角形和四个相同的局部锥面所组成，将这些组成部分的实形顺次画在同一平面上，即得方圆过渡接头的展开图。其作图步骤如下：

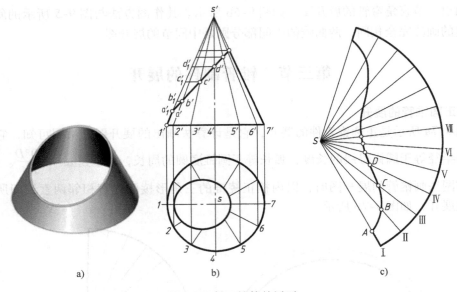

图 9-8　斜口锥管的展开

a）轴测图　b）视图　c）展开图

1）如图 9-9a 所示，将圆口 1/4 圆弧的俯视图分成三等分，得点 1、2、3、4，并与下口顶点 a 相连。图中 $a1$、$a2$、$a3$、$a4$ 即为斜锥面上素线 $A\mathrm{I}$、$A\mathrm{II}$、$A\mathrm{III}$、$A\mathrm{IV}$ 的水平投影。斜锥面素线的长度 $A\mathrm{I}=A\mathrm{IV}$、$A\mathrm{II}=A\mathrm{III}$，用旋转法求出斜锥面实长 $A\mathrm{I}=A\mathrm{IV}=a'4_1'$、$A\mathrm{II}=A\mathrm{III}=a'3_1'$。

2）在展开图 9-9b 上取 $AB=ab$，分别以 A、B 为圆心，$a'4_1'$ 为半径画弧，交于 I 点，得三角形 $AB\mathrm{I}$。再以 I 和 A 为圆心，分别以圆口等分弧的弦长和 $a'3_1'$ 为半径画弧，两弧交得 II，作出 $\triangle A\mathrm{I}\,\mathrm{II}$。用同样的方法作出 $\triangle A\mathrm{II}\,\mathrm{III}$、$\triangle A\mathrm{III}\,\mathrm{IV}$。

3）圆滑地连接 I、II、III、IV 等点，即得一个等腰三角形和一个局部斜锥的展开图。

4）用同样的方法依次作出其他各组成部分的展开图，即完成整个方圆过渡接头的展开，如图 9-9b 所示。

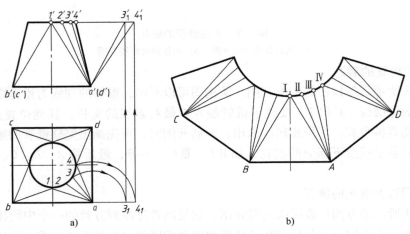

a）　　　　　　　　　　b）

图 9-9　方圆过渡接头的展开

第四节　金属板制件的工艺简介

一、接口的处理

1mm 以下的薄板制件，一般使用咬缝接口，因此，画这类制件的展开图时，需要考虑接口的形式，留出适当余量。常用的咬缝形式和下料尺寸见表9-1。

表9-1　各种咬缝形式的加工工艺和下料尺寸

常用咬缝名称和形式	加 工 工 艺	下料尺寸/mm					
		板厚0.5		板厚0.75		板厚1	
		单边	双边	单边	双边	单边	双边
平缝Ⅰ	双边　双边　7　15°　≈100°　5　100°　5　15°		17~19		18~20		19~21
平缝Ⅱ	单边　80°~85°　5　4.5　95°　15°	3~4	8~9	5	9~10	5	11
角缝Ⅰ	双边　单边　15　9　5~6	4	18~20	4~5	20~22	5~6	22~25
角缝Ⅱ	单边　80°~85°　5　4.5　双边	4	9~10	4~5	10~11	5	12
嵌底咬缝	双边　5　7　8　单边　5	4	16~18	5	18~20	5	20~22

二、板厚的处理

前述内容只讲述了画展开图的基本方法，没有考虑板厚的影响，但在实际工作中，尤其是在厚度较大、制件外形尺寸要求精确的情况下，一定要考虑板厚的影响。

如图 9-10 所示，可以看出，钢板卷制成圆管时，它的外表面被拉长，内表面却被压缩，中间一层不变。因此，一般在圆管制件展开时，它的周口周长的展开线要用中径计算，才能保证内外径符合预定的尺寸。一般用经验估算，当板厚为 $\dfrac{圆管半径\ r}{壁厚\ t}>4$ 时，可以用中心层来作图。

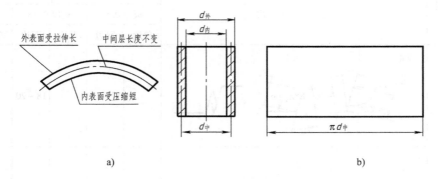

图 9-10　板厚和展开图的关系
a）弯圈时板厚表面的变化情况　b）按中径计算画圆管的展开图

第五节　正螺旋面的近似展开

用螺旋面制成的螺旋输送机，可用来输送颗粒状、粉末状等物质，也可用作搅拌机构，用途较广。制造时，需要画出螺旋面的展开图，而正螺旋面是不可展的一种曲面，只能用近似的方法展开。下面就介绍螺旋线和螺旋面的展开图画法。

一、螺旋线的展开

如图 9-11 所示为圆柱螺旋及其展开图的画法。当已知圆柱直径、导程和旋向后，便可以根据螺旋线的形成原理来画螺旋线的投影，也就是母线绕圆柱轴线旋转 $\dfrac{360°}{n}$ 时，动点在母线上上升 $\dfrac{S}{n}\left(导程的\dfrac{1}{n}\right)$。如图 9-11b 所示为将圆周和导程分成相同等分（12 等分），母线转 30°，动点上升 $\dfrac{S}{12}$，便可求出螺旋线上的点，最后连成圆滑的曲线。

如图 9-11c 所示是螺旋线的展开图——直线。可以看出，螺旋线展开后所成的直线，是以圆柱底圆的展开线和导程分别为直角边所构成的直角三角形的斜边。因此，展开长为 $\sqrt{S^2+(\pi d)^2}$。

二、正螺旋面的展开

1. 一般方法

如图 9-12 所示是画正螺旋面展开图的一般方法。可以看出，展开图是个环形。画图时，

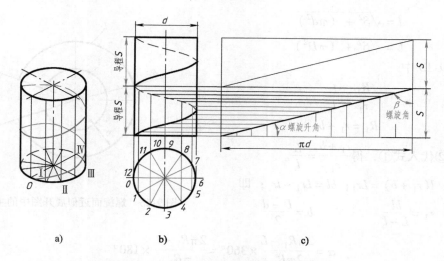

图 9-11　圆柱螺旋线及其展开图的画法
a）直观图　b）视图　c）展开图

将螺旋面分成若干三角形，然后求出这些三角形的边长，最后顺次毗连地画各三角形的实形，即得如图 9-12c 所示的展开图，图中 $b = \dfrac{D-d}{2}$。

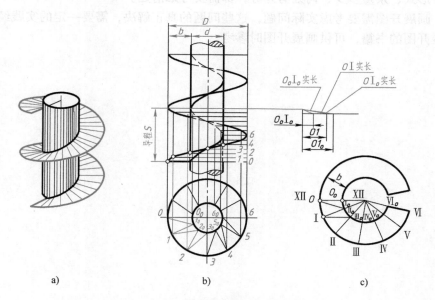

图 9-12　螺旋面展开图的一般画法
a）直观图　b）视图　c）展开图

2. 计算法

如图 9-13 所示为一圈螺旋面的近似展开图。如果已知 R_1、r_1 和 α，则环形即可画出。

如以 S 表示螺旋面的导程，d、D 表示螺旋面的内、外直径，则内、外圈螺旋线的长度为

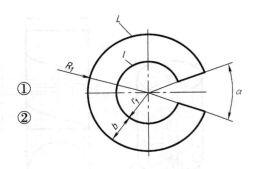

$$l = \sqrt{S^2 + (\pi d^2)}$$
$$L = \sqrt{S^2 + (\pi D^2)}$$

在图 9-13 中

$$\frac{R_1}{r_1} = \frac{L}{l} \qquad ①$$

$$R_1 = r_1 + b \qquad ②$$

将式②代入式①，得 $\dfrac{r_1 + b}{r_1} = \dfrac{L}{l}$。

展开，$l(r_1 + b) = Lr_1$；$bl = Lr_1 - lr_1$；即

$$r_1 = \frac{bl}{L - l} \qquad\qquad b = \frac{D - d}{2}$$

图 9-13　螺旋面近似展开图中的主要数据

$$\alpha = \frac{2\pi R_1 - L}{2\pi R_1} \times 360° = \frac{2\pi R_1 - L}{\pi R_1} \times 180°$$

根据 D、d、S 计算出 R_1、r_1、L、l 和 α 后，就可以画正螺旋面的近似展开图。

三、关于画展开图应注意的问题

　　首先，本章所介绍的展开方法，不论是可展的还是近似方法展开的，都没有考虑板厚，而是按几何表面展开的，实际应用时，要根据具体情况适当考虑板厚。其次，还要考虑工艺，如接口形式、余量多少、何处剪开等，都需要考虑清楚。

　　总之，画展开图需要考虑实际问题，这些问题的真正解决，需要一定的实践经验。有关钣金工和展开图的书籍，可供画展开图时参考。

第十章 焊 接 图

【学习目标】

1. 理解焊接图中焊接的规定画法及符号的知识点及要求。

2. 了解焊接图在生产中的实际应用场合，能够熟练看懂焊接结构装配图，看懂符号含义。

3. 学会焊缝规定符号的四要素———焊接方法符号、基本符号、辅助符号、焊缝尺寸在图样中的标注含义。

4. 具有独立分析问题、解决问题及查阅资料等综合运用知识且独立进行工作的能力。

第一节　焊接图简介

焊接图是供焊接加工时所用的图样，这种图样要求把零件或构件的全部结构形状、尺寸和技术要求都表达得完整、清晰。

一、焊缝的规定画法

焊接接头的形式有对接接头、T形接头、角接接头和搭接接头等几种，如图10-1所示。

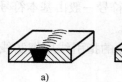
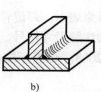

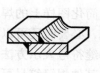

a)　　　　　　　b)　　　　　　　c)　　　　　　　d)

图10-1　焊接接头的形式

a) 对接接头　b) T形接头　c) 角接接头　d) 搭接接头

焊件经过焊接后所形成的结合部分称为焊缝。按照国家标准 GB/T 324—2008 的规定，焊缝有两种表示方法：

1. 图示法

如图10-2所示，将可见轮廓线用细实线画的一组圆弧表示，不可见的焊缝用粗实线表示，当画图比例较大时，在垂直于焊缝的剖面或剖视图中，应按规定的图形符号画出焊缝的剖面并涂黑。

2. 标注法

只在焊缝处标注焊缝代号的方法。如果焊缝的外表面（焊缝面）在接头的箭头侧，焊缝符号标注在横线上，如图10-3a所示；如果焊缝的外表面（焊缝面）在接头的其他侧，则焊缝符号标注在横线下方，如图10-3b所示。

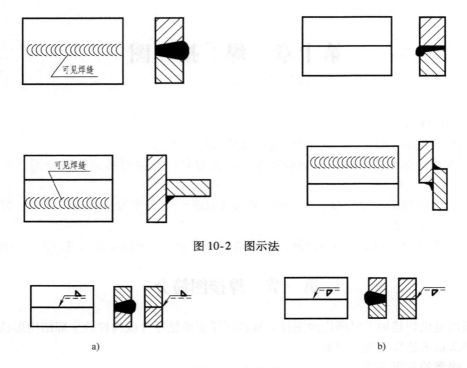

图 10-2　图示法

图 10-3　标注法

二、焊缝符号及其标注方法

为简化图样上的焊缝，可采用规定的焊缝符号来表示。焊缝符号一般由基本符号和指引线组成，必要时还可以加上辅助符号、补充符号和焊缝尺寸符号。

焊缝符号表示方法的国家标准是 GB/T 324—2008。焊缝标注的指引线用细实线、虚线画出，其他焊缝符号可适当加粗表示。

1. 基本符号

基本符号是表示焊缝横截面形状的符号，见表 10-1。

表 10-1　常用焊缝的基本符号、图示法及标注方法

名称	基本符号	示意图	图示法	标注法
I 形 焊 缝	‖		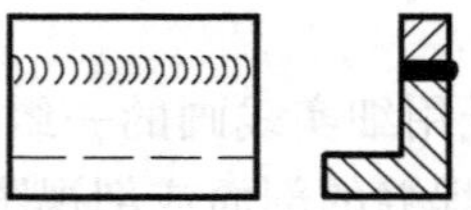	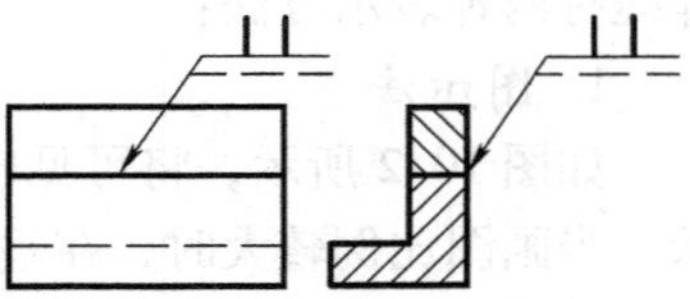

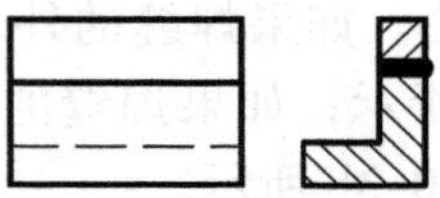

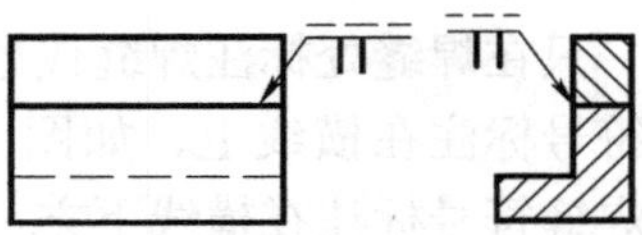

（续）

名称	基本符号	示意图	图示法	标注法
V形焊缝	V		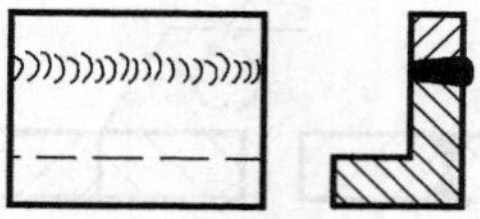	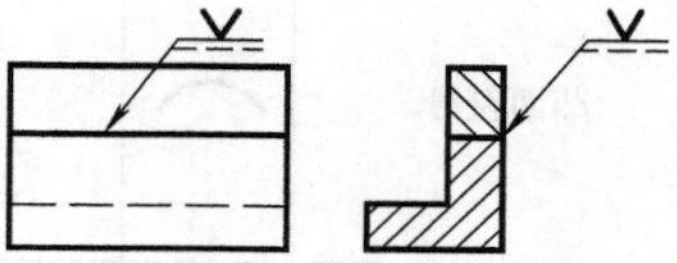
角焊缝	◺		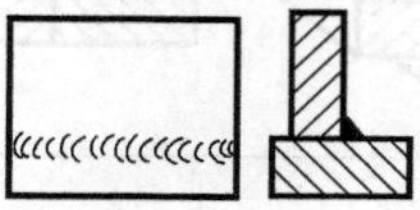	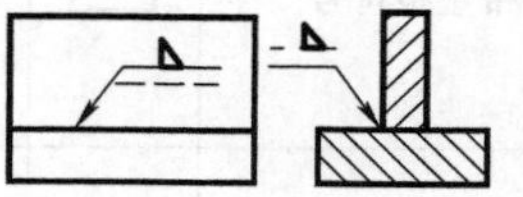
点焊缝	○		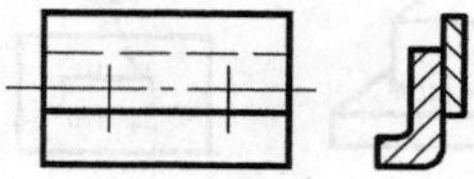	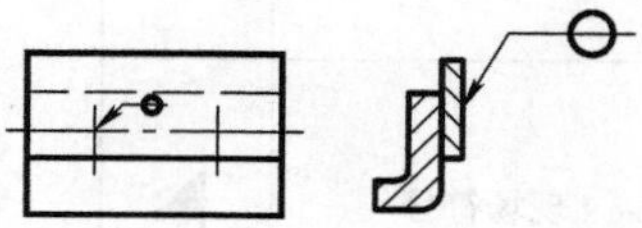

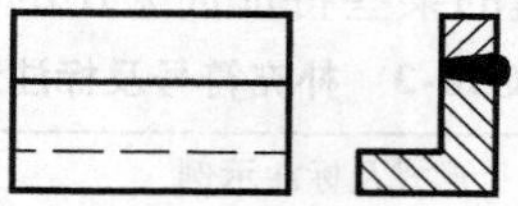

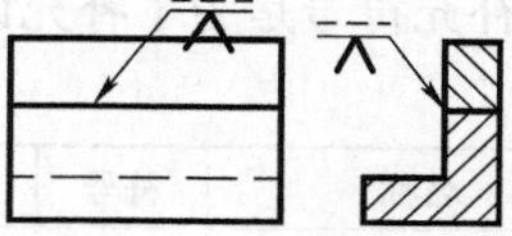

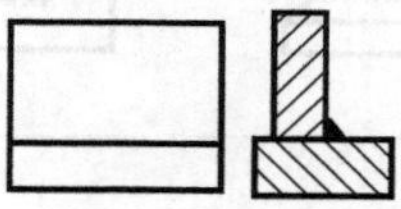

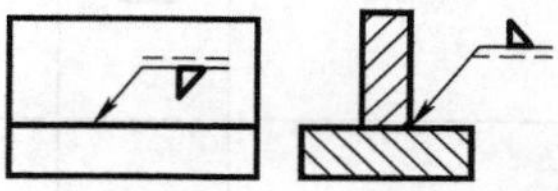

2. 辅助符号

辅助符号是表示焊缝表面形状特征的符号，见表10-2。

表10-2　辅助符号及标注示例

名称	符号	形式及标注示例	说　明
平面符号	──	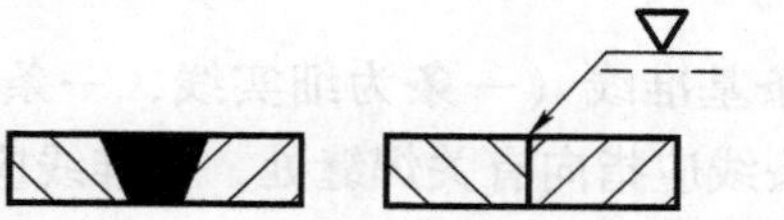	表示V形对接焊缝表面平齐（一般通过加工）
凹面符号	⌣	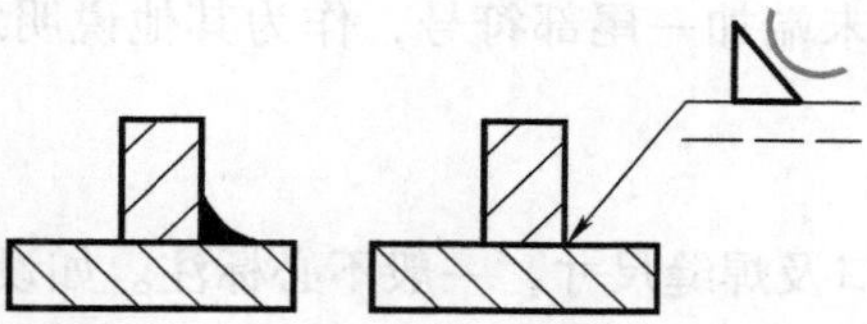	表示角焊缝表面凹

（续）

名称	符号	形式及标注示例	说　明
凸面符号	⌒	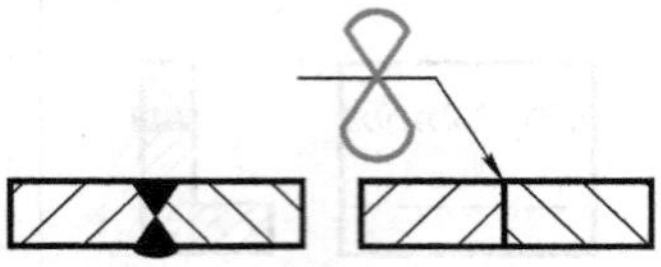	表示X形对接焊缝表面凸起

3. 补充符号

补充符号是为了补充说明焊缝的某些特征而采用的符号，见表10-3。

表 10-3　补充符号及标注示例

名称	符号	形式及标注示例	说　明
带垫板符号	▭	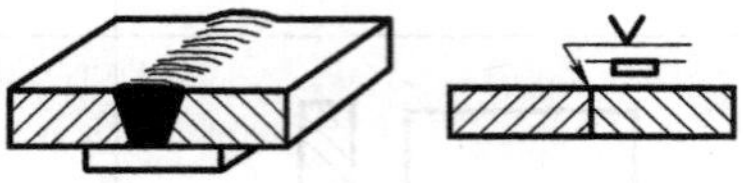	表示V形焊缝的背面底部有垫板
三面焊缝符号	⊏		工件三面施焊，开口方向与实际方向一致
周围焊缝符号	○	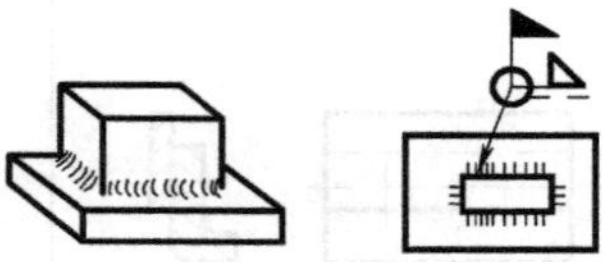	表示在现场沿工件周围施焊
现场符号	▶		
尾部符号	＜	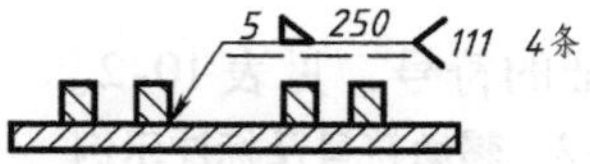 5　250　⟨111　4条	表示用手工电弧焊，有四条相同的角焊缝

4. 指引线

指引线一般由箭头线和两条基准线（一条为细实线，一条为细虚线）组成，采用细实线绘制，如图10-4a所示。箭头线应指向有关焊缝处，基准线应与主标题栏平行。基准线的上面和下面用来标注焊缝符号及尺寸，基准线的细虚线可画在基准线的实线上侧或下侧。必要时，可在基准线（细实线）末端加一尾部符号，作为其他说明之用，如焊接方法和焊缝数量等，如图10-4b所示。

5. 焊缝尺寸符号

焊缝尺寸符号用来表示坡口及焊缝尺寸，一般不必标注。如设计或生产需要注明焊缝尺寸时，可按 GB/T 324—2008 焊缝代号的规定标注。常用焊缝尺寸符号见表10-4。

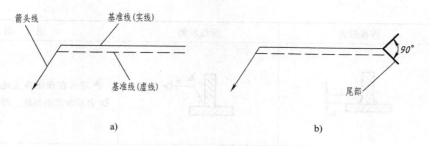

图 10-4　指引线的画法

表 10-4　常用焊缝尺寸符号

名　　称	符　　号	名　　称	符　　号
板材厚度	δ	焊缝间距	e
坡口角度	α	焊脚尺寸	k
根部间隙	b	焊点熔核直径	d
钝边高度	ρ	焊缝宽度	c
焊缝长度	L	焊缝余高	h

三、焊接方法及数字表示

焊接的方法很多，常用的有电弧焊、电渣焊、点焊和钎焊等，其中以电弧焊应用最广。焊接方法可用文字在技术要求中注明，也可用数字代号直接注写在指引线的尾部。常用焊接方法及数字代号见表 10-5。

表 10-5　常用焊接方法和数字代号

焊接方法	数字代号	焊接方法	数字代号
手工电弧焊	111	激光焊	751
埋弧焊	12	氧乙炔焊	311
电渣焊	72	硬钎焊	91
电子束焊	76	点焊	21

四、常见焊缝的标注

常见焊缝标注的标注示例见表 10-6。

表 10-6　焊缝标注示例

接头形式	焊接形式	标注示例	说　　明
对接接头			111 表示用手工电弧焊，V 形坡口，坡口角度为 α，根部间隙为 b，有 n 段焊缝，焊缝长度为 l

（续）

接头形式	焊接形式	标注示例	说　明
T 形接头	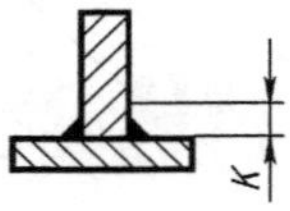	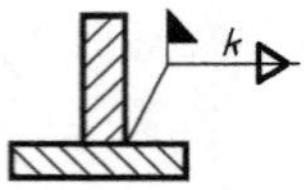	▶表示在现场或工地上进行焊接，▷表示双面角焊缝，焊脚尺寸为 k
	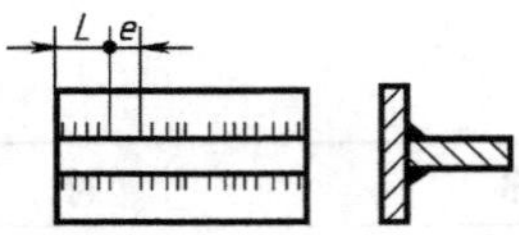	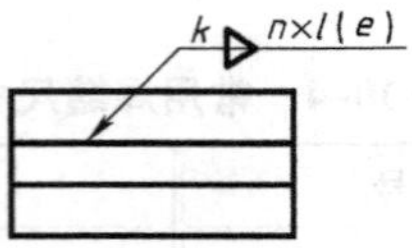 $k\ n\times l(e)$	▷$n\times l(e)$ 表示有 n 段断续双面角焊缝，l 表示焊缝长度，e 表示断续焊缝的间距
	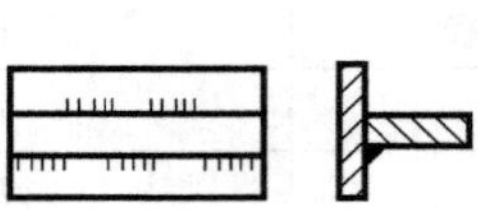	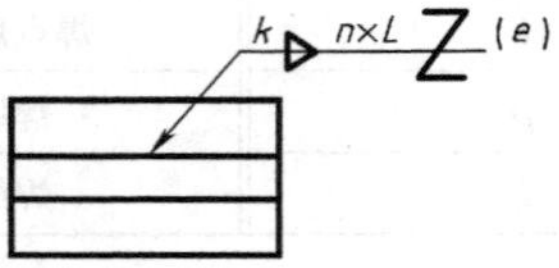 $k\ n\times L$ Ƶ(e)	Ƶ表示交错断续角焊缝
角接接头	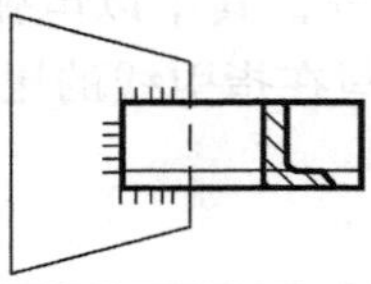	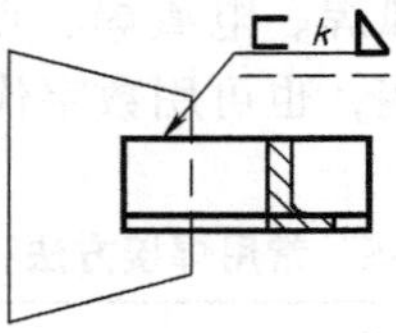 ⊏ k	⊏表示三面焊缝，◣表示单面角焊缝
	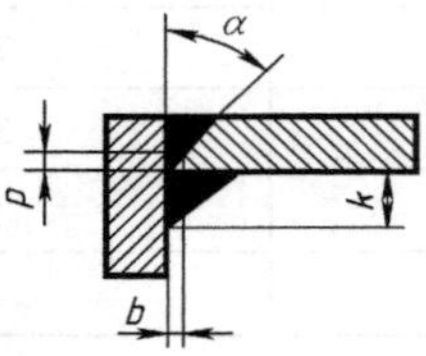	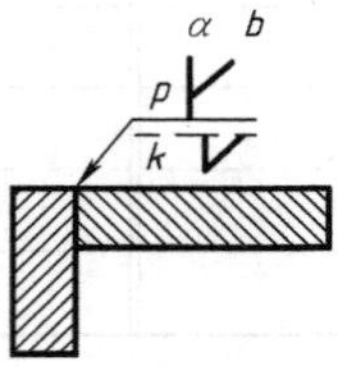 $\alpha\ b$ $\dfrac{p}{k}$	表示双面焊缝，上面为带钝边的单边 V 形焊缝，下面为角焊缝
搭接接头	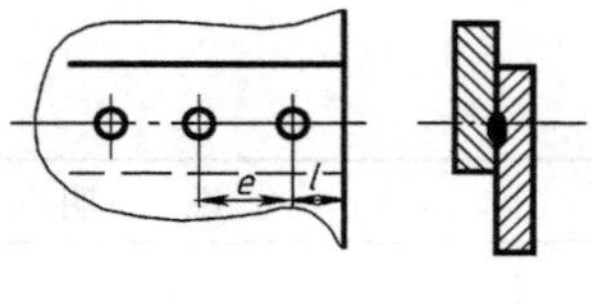	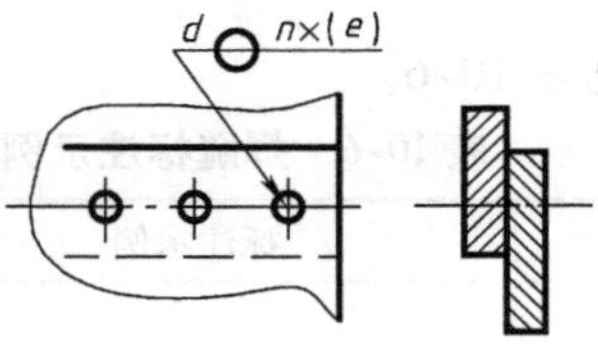 $d\ n\times(e)$	○表示点焊缝，d 表示焊点直径，e 表示焊点间距，n 表示焊点数量，l 表示起始焊点中心至板边的间距

第二节　读焊接图举例

一、读焊接图的特点

通常所指的焊接图是指实际生产中的工作图，它与一般零件图的不同之处在于图中必须表示与焊接有关的问题，如坡口与接头形式、焊接方法、焊接材料型号和验收技术要求等。

对焊工来说，要能正确识读焊接图，除了掌握有关机械识图知识外，还必须懂得焊缝符号表示方法的有关国家标准。识读焊接图的方法和步骤和读零件图的方法基本上相同，但对图样中有关技术条件应详细分析，并严格执行。通常图中涉及的焊接工艺文件有：

1）典型工件制造的工艺守则。

2）焊接方法的工艺守则。

3）施工的工艺评定编号。

二、读焊接工作图的方法和步骤

[**例10-1**]　读弯头焊接工作图，如图10-5所示。

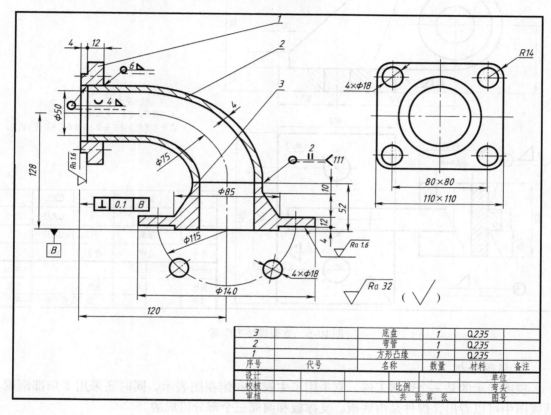

3		底盘	1	Q235	
2		弯管	1	Q235	
1		方形凸缘	1	Q235	
序号	代号	名称	数量	材料	备注
设计				单位	
校核			比例	弯头	
审核		共 张 第 张		图号	

图 10-5　弯头焊接工作图

1. 视图分析

如图10-5所示的是一个化工设备上的焊接件，它由底盘、弯管和方形凸缘三个零件组成，图中除了用一个全剖视的主视图外，还用了局部视图和简化画法。

2. 识读要点

1）底盘和弯管间焊缝代号为 $\circ\underset{\text{II}}{\overset{2}{}}\!\!<111$，其中"$\overset{2}{\text{II}}$"表示 I 型焊缝，对接间隙 $b=2mm$；"111"表示全部焊缝均采用手工电弧焊。

2）方形凸缘和弯管外壁的焊缝代号为 $\circ^{6}$；其中"$\circ$"表示环绕工件周围焊接；"◣"表示角焊缝，焊角高度为6mm。

3）方形凸缘和弯管的内焊缝代号为 ⊶═╧╧，其中"◡"表示焊缝表面凹陷。

三、读支架焊接工作图

[**例 10-2**] 读支架焊接工作图，如图 10-6 所示。

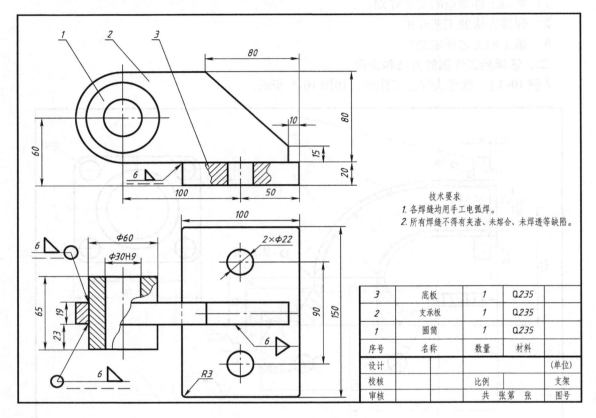

技术要求
1. 各焊缝均用手工电弧焊。
2. 所有焊缝不得有夹渣、未熔合、未焊透等缺陷。

3	底板	1	Q235		
2	支承板	1	Q235		
1	圆筒	1	Q235		
序号	名称	数量	材料		
设计				(单位)	
校核			比例		支架
审核			共 张第 张		图号

图 10-6　支架焊接工作图

1. 视图分析

视图表示的是一个焊接工件，它采用了主视图和俯视图表示，同时还采用了局部剖视。从视图中可以看出，焊件是由底板、支撑板和圆筒三个部分组成的。

2. 识读要点

1）底板和支撑板的焊缝代号为 ᒪ6◿╱，"◿"表示单面角焊缝；"6"表示焊角高度为 6mm。

2）底板和支撑板的焊缝代号为 ╲⁶▷，"▷"表示双面角焊缝；"6"表示焊角高度为 6mm。

3）连接板和圆筒的焊缝代号为 ᒪ⁶◿○，"○"表示环绕工件周围焊接；"◿"表示单面角焊缝；"6"表示焊角高度为 6mm。

附　　录

附录 A　螺　　纹

表 A-1　普通螺纹直径与螺距、基本尺寸（GB/T 193—2003 和 GB/T 196—2003）

（单位：mm）

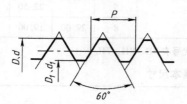

标记示例

公称直径 24mm、螺距 3mm、右旋粗牙普通螺纹、公差带代号 6g，其标记为：M24

公称直径 24mm、螺距 1.5mm、左旋细牙普通螺纹、公差带代号 7H，其标记为：M24×1.5 – 7H – LH

内外螺纹旋合的标记：M16 – 7H/6g

公称直径 D、d		螺距 P		粗牙小径	公称直径 D、d		螺距 P		粗牙小径
第一系列	第二系列	粗牙	细牙	D_1、d_1	第一系列	第二系列	粗牙	细牙	D_1、d_1
3		0.5	0.35	2.459	16		2	1.5、1	13.835
4		0.7	0.5	3.242		18			15.294
5		0.8		4.134	20		2.5	2、1.5、1	17.294
6		1	0.75	4.917		22			19.294
8		1.25	1、0.75	6.647	24		3	2、1.5、1	20.752
10		1.5	1.25、1、0.75	8.376	30		3.5	(3)、2、1.5、1	26.211
12		1.75	1.5、1.25、1	10.106	36		4	3、2、1.5	31.670
	14	2		11.835		39			34.670

注：1. 应优先选用第一系列，括号内尺寸尽可能不用。

2. 外螺纹螺纹公差带代号有 6e、6f、6g、8g、5g6g、7g6g、4h、6h、3h4h、5h6h、5h4h、7h6h；内螺纹螺纹公差带代号有 4H、5H、6H、7H、5G、6G、7G。

表 A-2　梯形螺纹直径与螺距、基本尺寸（GB/T 5796.2—2005、GB/T 5796.3—2005 和 GB/T 5796.4—2005）

（单位：mm）

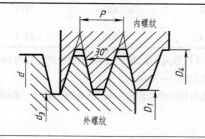

标记示例

公称直径 28mm、螺距 5mm、中径公差带代号为 7H 的单线右旋梯形内螺纹，其标记为：Tr28×5 – 7H

公称直径 28mm、导程 10mm、螺距 5mm、中径公差带代号为 8e 的双线左旋梯形外螺纹，其标记为：Tr28×10(P5)LH – 8e

内外螺纹旋合所组成的螺纹副的标记为 Tr24×8 – 7H/8e

（续）

公称直径 d		螺距	大径	小径		公称直径 d		螺距	大径	小径	
第一系列	第二系列	P	D_4	d_3	D_1	第一系列	第二系列	P	D_4	d_3	D_1
16		2	16.50	13.50	14.00	24		3	24.50	20.50	21.00
		4	16.50	11.50	12.00			5	24.50	18.50	19.00
	18	2	18.50	15.50	16.00			8	25.00	15.00	16.00
		4	18.50	13.50	14.00		26	3	26.50	22.50	23.00
20		2	20.50	17.50	18.00			5	26.50	20.50	21.00
		4	20.50	15.50	16.00			8	27.00	17.00	18.00
	22	3	22.50	18.50	19.00	28		3	28.50	24.50	25.00
		5	22.50	16.50	17.00			5	28.50	22.50	23.00
		8	23.00	13.00	14.00			8	29.00	19.00	20.00

注：外螺纹螺纹公差带代号有 9c、8c、8e、7e；内螺纹螺纹公差带代号有 9H、8H、7H。

表 A-3　管螺纹尺寸代号及基本尺寸

55°非密封管螺纹（GB/T 7307—2001）

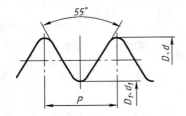

标记示例

尺寸代号为 1/2 的 A 级右旋外螺纹的标记为：G1/2A

尺寸代号为 1/2 的 B 级左旋外螺纹的标记为：G1/2B－LH

尺寸代号为 1/2 的右旋内螺纹的标记为：G1/2

上述右旋内外螺纹所组成的螺纹副的标记为：G1/2A

当螺纹为左旋时标记为：G1/2A－LH

尺寸代号	每 25.4mm 内的牙数 n	螺距 P/mm	大径 $D=d$/mm	小径 $D_1=d_1$/mm	基准距离/mm
1/4	19	1.337	13.157	11.445	6
3/8	19	1.337	16.662	14.950	6.4
1/2	14	1.814	20.955	18.631	8.2
3/4	14	1.814	26.441	24.117	9.5
1	11	2.309	33.249	30.291	10.4
$1\frac{1}{4}$	11	2.309	41.910	38.952	12.7
$1\frac{1}{2}$	11	2.309	47.803	44.845	12.7
2	11	2.309	59.614	56.656	15.9

注：1. 55°密封圆柱内螺纹的牙形与 55°非密封管螺纹牙形相同，尺寸代号为 1/2 的右旋圆柱内螺纹的标记为 $RP1/2$；它与外螺纹所组成的螺纹副的标记为 $RP/R_1 1/2$，详见 GB/T 7306.1—2000。

2. 55°密封圆锥管螺纹大径、小径是指基准平面上的尺寸。圆锥内螺纹的端面向里 0.5P 处即为基面，而圆锥外螺纹的基准平面与小端相距一个基准距离。

3. 55°密封管螺纹的锥度为 1∶16，即 $\phi=1°47'24''$。

附录 B　螺纹紧固件

表 B-1　六角头螺栓　　　　　　　　　　　　　（单位：mm）

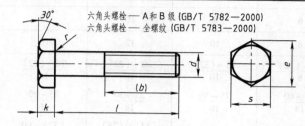

六角头螺栓—A 和 B 级（GB/T 5782—2000）
六角头螺栓—全螺纹（GB/T 5783—2000）

标记示例

螺纹规格 d = M12、公称长度 l = 80mm、性能等级为 8.8 级、表面氧化、A 级的六角头螺栓，其标记为：螺栓　GB/T 5782　M12 × 80

螺纹规格 d		M3	M4	M5	M6	M8	M10	M12	(M14)	M16	(M18)	M20	(M22)	M24	(M27)	M30	M36
s		5.5	7	8	10	13	16	18	21	24	27	30	34	36	41	46	55
k		2	2.8	3.5	4	5.3	6.4	7.5	8.8	10	11.5	12.5	14	15	17	18.7	22.5
r		0.1	0.2	0.2	0.25	0.4	0.4	0.6	0.6	0.6	0.6	0.6	1	0.8	1	1	1
e	A	6.01	7.66	8.79	11.05	14.38	17.77	20.03	23.36	26.75	30.14	33.53	37.72	39.98	—	—	—
	B	5.88	7.50	8.63	10.89	14.20	17.59	19.85	22.78	26.17	29.56	32.95	37.29	39.55	45.2	50.85	51.11
(b) GB/T 5782	$l \leqslant 125$	12	14	16	18	22	26	30	34	38	42	46	50	54	60	65	—
	$125 < l \leqslant 200$	18	20	22	24	28	32	36	40	44	48	52	56	60	66	72	84
	$l > 200$	31	33	35	37	41	45	49	53	57	61	65	69	73	79	85	97
l 范围 (GB/T 5782)		20~30	25~40	25~50	30~60	40~80	45~100	50~120	60~140	65~180	70~180	80~200	90~220	90~240	100~260	110~300	140~360
l 范围 (GB/T 5783)		6~30	8~40	10~50	12~60	16~80	20~100	25~120	30~140	30~150	35~150	40~150	45~150	50~150	55~200	60~200	70~200
l 系列		6、8、10、12、16、20、25、30、35、40、45、50、(55)、60、(65)、70、80、90、100、110、120、130、140、150、160、180、200、220、240、260、280、300、320、340、360、380、400、420、440、460、480、500															

表 B-2　双头螺柱　　　　　　　　　　　　　（单位：mm）

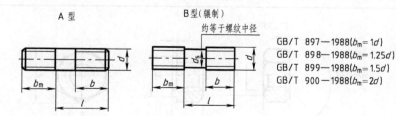

A 型　　　　　　　　　B 型(辗制)

约等于螺纹中径

GB/T 897—1988(b_m = 1d)
GB/T 898—1988(b_m = 1.25d)
GB/T 899—1988(b_m = 1.5d)
GB/T 900—1988(b_m = 2d)

标记示例

两端均为粗牙普通螺纹，d = 10mm、l = 50mm、性能等级为 4.8 级、不经表面处理、B 型、b_m = 1d 的双头螺柱，其标记为：螺柱　GB/T 897　M10 × 50

若为 A 型，则标记为：螺柱　GB/T 897　A　M10 × 50

（续）

螺纹规格 d		M3	M4	M5	M6	M8
b_m 公称	GB/T 897—1988	—	—	5	6	8
	GB/T 898—1988	—	—	6	8	10
	GB/T 899—1988	4.5	6	8	10	12
	GB/T 900—1988	6	8	10	12	16
l/b		$\dfrac{16\sim20}{6}$	$\dfrac{16\sim(22)}{8}$	$\dfrac{16\sim(22)}{10}$	$\dfrac{20\sim(22)}{10}$	$\dfrac{20\sim(22)}{12}$
		$\dfrac{(22)\sim40}{12}$	$\dfrac{25\sim40}{14}$	$\dfrac{25\sim50}{16}$	$\dfrac{25\sim30}{14}$	$\dfrac{25\sim30}{16}$
					$\dfrac{(32)\sim(75)}{18}$	$\dfrac{(32)\sim90}{22}$

螺纹规格 d		M10	M12	M16	M20	M24
b_m 公称	GB/T 897—1988	10	12	16	20	24
	GB/T 898—1988	12	15	20	25	30
	GB/T 899—1988	15	18	24	30	36
	GB/T 900—1988	20	24	32	40	48
l/b		$\dfrac{25\sim(28)}{14}$	$\dfrac{25\sim30}{16}$	$\dfrac{30\sim(38)}{20}$	$\dfrac{35\sim40}{25}$	$\dfrac{45\sim50}{30}$
		$\dfrac{30\sim(38)}{16}$	$\dfrac{(32)\sim40}{20}$	$\dfrac{40\sim(55)}{30}$	$\dfrac{45\sim(65)}{35}$	$\dfrac{(55)\sim(75)}{45}$
		$\dfrac{40\sim120}{26}$	$\dfrac{45\sim120}{30}$	$\dfrac{60\sim120}{38}$	$\dfrac{70\sim120}{46}$	$\dfrac{80\sim120}{54}$
		$\dfrac{130}{32}$	$\dfrac{130\sim180}{36}$	$\dfrac{130\sim200}{44}$	$\dfrac{130\sim200}{52}$	$\dfrac{130\sim200}{60}$

注：1. GB/T 897—1988 和 GB/T 898—1988 规格螺柱的螺纹规格 d = M5 ~ M48，公称长度 l = 16 ~ 300mm；GB/T 899—1988 和 GB/T 900—1988 规定螺柱的螺纹规格 d = M2 ~ M48，公称长度 l = 12 ~ 300mm。

2. 螺柱公称长度 l（系列）：12、（14）、16、（18）、20、（22）、25、（28）、30、（32）、35、（38）、40、45、50、（55）、60、（65）、70、（75）、80、（85）、90、（95）、100 ~ 260（十进位）、280、300mm，尽可能不采用括号内的数值。

3. 材料为钢的螺柱性能等级有 4.8、5.8、6.8、8.8、10.9、12.9 级，其中 4.8 级为常用。

表 B-3　Ⅰ型六角螺母（GB/T 6170—2000）　　　　（单位：mm）

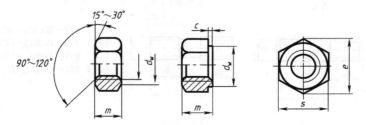

标记示例

螺纹规格 D = M12、性能等级为 8 级、不经表面处理、产品等级为 A 级的 Ⅰ型六角螺母，其标记为：

螺母　GB/T 6170　M12

（续）

螺纹规格 D		M3	M4	M5	M6	M8	M10	M12	M16	M20	M24	M30	M36
e（min）		6.01	7.66	8.79	11.05	14.38	17.77	20.03	26.75	32.95	39.55	50.85	60.79
s	（max）	5.5	7	8	10	13	16	18	24	30	36	46	55
	（min）	5.32	6.78	7.78	9.78	12.73	15.73	17.73	23.67	29.16	35	45	53.8
c（max）		0.4	0.4	0.5	0.5	0.6	0.6	0.6	0.8	0.8	0.8	0.8	0.8
d_w（min）		4.6	5.9	6.9	8.9	11.6	14.6	16.6	22.5	27.7	33.2	42.7	51.1
d_w（max）		3.45	4.6	5.75	6.75	8.75	10.8	13	17.3	21.6	25.9	32.4	38.9
m	（max）	2.4	3.2	4.7	5.2	6.8	8.4	10.8	14.8	18	21.5	25.6	31
	（min）	2.15	2.9	4.4	4.9	6.44	8.04	10.37	14.1	16.9	20.2	24.3	29.4

表 B-4　平垫圈　A 级（GB/T 97.1—2002）、平垫圈　倒角型　A 级（GB/T 97.2—2002）

（单位：mm）

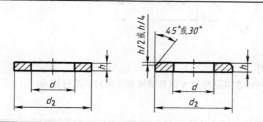

标记示例

标准系列、公称规格 $d = 8\text{mm}$、钢制、硬度等级为 200HV 级、不经表面处理、产品等级为 A 级的平垫圈，其标记为

垫圈　GB/T 97.1　8

公称规格（螺纹大径 d）	2	2.5	3	4	5	6	8	10	12	16	20	24	30
内径 d_1	2.2	2.7	3.2	4.3	5.3	6.4	8.4	10.5	13	17	21	25	31
外径 d_2	5	6	7	9	10	12	16	20	24	30	37	44	56
厚度 h	0.3	0.5	0.5	0.8	1	1.6	1.6	2	2.5	3	3	4	4

表 B-5　标准型弹簧垫圈（GB/T 93—1987）、轻型弹簧垫圈（GB/T 859—1987）

（单位：mm）

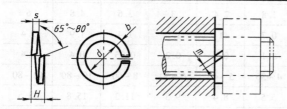

标记示例

规格 16mm、材料为 65Mn、表面氧化的标准型弹簧垫圈，其标记为：

垫圈　GB/T 93　16

规格（螺纹大径）		2	2.5	3	4	5	6	8	10	12	16	20	24	30	36	42	48
d		2.1	2.6	3.1	4.1	5.1	6.2	8.2	10.2	12.3	16.3	20.5	24.5	30.5	36.6	42.6	49
H	GB/T 93—1987	1.2	1.6	2	2.4	3.2	4	5	6	7	8	10	12	13	14	16	18
	GB/T 859—1987	1	1.2	1.6	1.6	2	2.4	3.2	4	5	6.4	8	9.6	12	—	—	—
$S(b)$	GB/T 93—1987	0.6	0.8	1	1.2	1.6	2	2.5	3	3.5	4	5	6	6.5	7	8	9
S	GB/T 859—1987	0.5	0.6	0.8	0.8	1	1.2	1.6	2	2.5	3.2	4	4.8	6	—	—	—
$m\leqslant$	GB/T 93—1987	0.4		0.5	0.6	0.8	1	1.2	1.5	1.7	2	2.5	3	3.2	3.5	4	4.5
	GB/T 859—1987	0.3		0.4		0.5	0.6	0.8	1	1.2	1.6	2	2.4	3	—	—	—
b	GB/T 859—1987	0.8		1	1.2		1.6	2	2.5	3.5	4.5	5.5	6.5	8	—	—	—

表 B-6 开槽螺钉

开槽圆柱头螺钉（GB/T 65—2000）、开槽盘头螺钉（GB/T 67—2000）、开槽沉头螺钉（GB/T 68—2000）

（单位：mm）

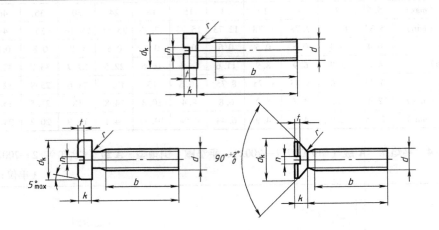

标记示例

螺纹规格 d = M5、公称长度 l = 20mm、性能等级为 4.8 级、不经表面处理的 A 级开槽圆柱头螺钉，其标记为：

螺钉　GB/T 65　M5 × 20

螺纹规格 d		M1.6	M2	M2.5	M3	M4	M5	M6	M8	M10
GB/T 65—2000	d_k	3	3.8	4.5	5.5	7	8.5	10	13	16
	k	1.1	1.4	1.8	2	2.6	3.3	3.9	5	6
	t_{min}	0.45	0.6	0.7	0.85	1.1	1.3	1.6	2	2.4
	r_{min}	0.1	0.1	0.1	0.1	0.2	0.2	0.25	0.4	0.4
	l	2 ~ 16	3 ~ 20	3 ~ 25	4 ~ 30	5 ~ 40	6 ~ 50	8 ~ 60	10 ~ 80	12 ~ 80
GB/T 67—2000	d_k	3.2	4	5	5.6	8	9.5	12	16	23
	k	1	1.3	1.5	1.8	2.4	3	3.6	4.8	6
	t_{min}	0.35	0.5	0.6	0.7	1	1.2	1.4	1.9	2.4
	r_{min}	0.1	0.1	0.1	0.1	0.2	0.2	0.25	0.4	0.4
	l	2 ~ 16	2.5 ~ 20	3 ~ 25	4 ~ 30	5 ~ 40	6 ~ 50	8 ~ 60	10 ~ 80	12 ~ 80
GB/T 68—2000	d_k	3	3.8	4.7	5.5	8.4	9.3	11.3	15.8	18.5
	k	1	1.2	1.5	1.65	2.7	2.7	3.3	4.65	5
	t_{min}	0.32	0.4	0.5	0.6	1	1.1	1.2	1.8	2
	r_{max}	0.4	0.5	0.6	0.8	1	1.3	1.5	2	2.5
	l	2.5 ~ 16	3 ~ 20	4 ~ 25	5 ~ 30	6 ~ 40	8 ~ 50	8 ~ 60	10 ~ 80	12 ~ 80
n		0.4	0.5	0.6	0.8	1.2	1.2	1.6	2	2.5
b_{min}				25				38		
l 系列		2、2.5、3、4、5、6、8、10、12、（14）、16、20、25、30、35、40、45、50、（55）、60、（65）、70、（75）、80								

附录 C　普通平键

表 C-1　普通平键的尺寸和键槽的断面尺寸（GB/T 1095—2003、GB/T 1096—2003）

（单位：mm）

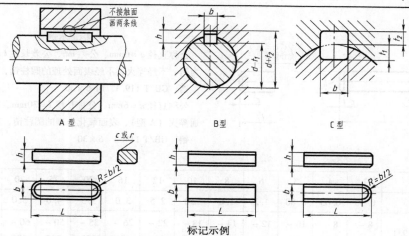

A 型　　　　　　　　　　　B 型　　　　　　　　　　　C 型

标记示例

键　GB/T 1096　$16 \times 10 \times 100$（圆头普通平键 A 型，$b = 16mm$，$h = 10mm$，$L = 100mm$）

键　GB/T 1096　$B16 \times 10 \times 100$（平头普通平键 B 型，$b = 16mm$，$h = 10mm$，$L = 100mm$）

键　GB/T 1096　$C16 \times 10 \times 100$（单圆头普通平键 C 型，$b = 16mm$，$h = 10mm$，$L = 100mm$）

轴	键		键槽										
				宽度 b					深度				半径 r
基本直径 d	基本尺寸 $b \times h$	长度 L	基本尺寸 b	偏差					轴 t_1		毂 t_2		
				松联接		正常联接		紧密联接					
				轴 H9	毂 D10	轴 N9	毂 JS9	轴和毂 P9	基本	偏差	基本	偏差	最小	最大
>10 ~ 12	4 × 4	8 ~ 45	4	+0.030 0	+0.078 +0.030	0 -0.030	±0.015	-0.012 -0.042	2.5	+0.1 0	1.8	+0.1 0	0.08	0.16
>12 ~ 17	5 × 5	10 ~ 56	5						3.0		2.3		0.16	0.25
>17 ~ 22	6 × 6	14 ~ 70	6						3.5		2.8			
>22 ~ 30	8 × 7	18 ~ 90	8	+0.036 0	+0.098 +0.040	0 -0.036	±0.018	-0.015 -0.051	4.0		3.3			
>30 ~ 38	10 × 8	22 ~ 110	10						5.0		3.3			
>38 ~ 44	12 × 8	28 ~ 140	12	+0.043 0	+0.120 +0.050	0 -0.043	±0.0215	-0.018 -0.061	5.0		3.3		0.25	0.40
>44 ~ 50	14 × 9	36 ~ 160	14						5.5		3.8			
>50 ~ 58	16 × 10	45 ~ 180	16						6.0	+0.2 0	4.3	+0.2 0		
>58 ~ 65	18 × 11	50 ~ 200	18						7.0		4.4			
>65 ~ 75	20 × 12	56 ~ 220	20	+0.052 0	+0.149 +0.065	0 -0.052	±0.026	-0.022 -0.074	7.5		4.9			
>75 ~ 85	22 × 14	63 ~ 250	22						9.0		5.4		0.40	0.60
>85 ~ 95	25 × 14	70 ~ 280	25						9.0		5.4			
>95 ~ 110	28 × 16	80 ~ 320	28						10.0		6.4			

注：1. $(d - t_1)$ 的 $(d + t_2)$ 两组组合尺寸的极限偏差按相应的 t_1 和 t_2 的极限偏差选取，但 $(d - t_1)$ 极限偏差的值应取负号（－）。

2. L 系列：6 ~ 22（二进位）、25、28、32、36、40、45、50、56、63、70、80、90、100、110、125、140、160、180、200、220、250、280、320、360、400、450、500。

3. 轴的直径与键的尺寸的对应关系未列入标准，此表给出仅供参考。

附录 D　销

表 D-1　圆柱销　不淬硬钢和奥氏体不锈钢（GB/T 119.1—2000）

圆柱销　淬硬钢和马氏体不锈钢（GB/T 119.2—2000）　　　　　　（单位：mm）

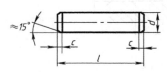

末端形状由制造者确定、允许倒圆或凹穴

标记示例

公称直径 $d = 6$mm、公差 m6、公差长度 $l = 30$mm、材料为钢、不经淬火、不经表面处理的圆柱销，其标记为：

　销　GB/T 119.1　6m6×30

公称直径 $d = 6$mm、公称长度 $l = 30$mm、材料为钢、普通淬火（A型）、表面氧化处理的圆柱销，其标记为：

　销　GB/T 119.2　6×30

公称直径 d		3	4	5	6	8	10	12	16	20	25	30	40	50
$c \approx$		0.50	0.63	0.80	1.2	1.6	2.0	2.5	3.0	3.5	4.0	5.0	6.3	8.0
公称长度 l	GB/T 119.1	8~30	8~40	10~50	12~60	14~80	18~95	22~140	26~180	35~200	50~200	60~200	80~200	95~200
	GB/T 119.2	8~30	10~40	12~50	14~60	18~80	22~100	26~100	40~100	50~100	—	—	—	—
l 系列		8、10、12、14、16、18、20、22、24、26、28、30、32、35、40、45、50、55、60、65、70、75、80、85、90、95、100、120、140、160、180、200												

注：1. GB/T 119.1—2000 规定圆柱销的公称直径 $d = 0.6 \sim 50$mm、公称长度 $l = 2 \sim 200$mm，公差有 m6 和 h8。

　　2. GB/T 119.2—2000 规定圆柱销的公称直径 $d = 1 \sim 20$mm、公称长度 $l = 3 \sim 100$mm，公差仅有 m6。

　　3. 当圆柱销公差为 1.8 时，其表面粗糙度 $Ra \geqslant 1.6 \mu$m。

表 D-2　圆锥销（GB/T 117—2000）　　　　　　（单位：mm）

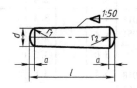

标记示例

公称直径 $d = 10$mm、公称长度 $l = 60$mm、材料为 35 钢、热处理硬度 25~38HRC、表面氧化处理的 A 型圆锥销，其标记为：

　销　GB/T 117　10×60

公称直径 d	4	5	6	8	10	12	16	20	25	30	40	50
$a \approx$	0.5	0.63	0.8	1	1.2	1.6	2	2.5	3	4	5	6.3
公称长度 l	14~55	18~60	22~90	22~120	26~160	32~180	40~200	45~200	50~200	55~200	60~200	65~200
l 系列	2、3、4、5、6、8、10、12、14、16、18、20、22、24、26、28、30、32、35、40、45、50、55、60、65、70、75、80、85、90、95、100、120、140、160、180、200											

注：1. 标准规定圆锥销的公称直径 $d = 0.6 \sim 50$mm。

　　2. 有 A 型和 B 型。A 型为磨削，锥面表面粗糙度 $Ra = 0.8 \mu$m；B 型为切削或冷镦，锥面表面粗糙度 $Ra = 3.2 \mu$m。

附录E　滚动轴承

深沟球轴承	圆锥滚子轴承	推力球轴承

标记示例：

滚动轴承　6308　GB/T 276—1994

标记示例：

滚动轴承　30209　GB/T 277—1994

标记示例：

滚动轴承　51205　GB/T 301—1995

轴承型号	d/mm	D/mm	B/mm	轴承型号	d/mm	D/mm	B/mm	C/mm	T/mm	轴承型号	d/mm	D/mm	H/mm	d_{1min}/mm
尺寸系列（02）				尺寸系列（02）						尺寸系列（02）				
6202	15	35	11	30203	17	40	12	11	13.25	51202	15	32	12	17
6203	17	40	12	30204	20	47	14	12	15.25	51203	17	35	12	19
6204	20	47	14	30205	25	52	15	13	16.25	51204	20	40	14	22
6205	25	52	15	30206	30	62	16	14	17.25	51205	25	47	15	27
6206	30	62	16	30207	35	72	17	15	18.25	51206	30	52	16	32
6207	35	72	17	30208	40	80	18	16	19.75	51207	35	62	18	37
6208	40	80	18	30209	45	85	19	16	20.75	51208	40	68	19	42
6209	45	85	19	30210	50	90	20	17	21.75	51209	45	73	20	47
6210	50	90	20	30211	55	100	21	18	22.75	51210	50	78	22	52
6211	55	100	21	30212	60	110	22	19	23.75	51211	55	90	25	57
6212	60	110	22	30213	65	120	23	20	24.75	51212	60	95	26	62
尺寸系列（03）				尺寸系列（03）						尺寸系列（03）				
6302	15	42	13	30302	15	42	13	11	14.25	51304	20	47	18	22
6303	17	47	14	30303	17	47	14	12	15.25	51305	25	52	18	27
6304	20	52	15	30304	20	52	15	13	16.25	51306	30	60	21	32
6305	25	62	17	30305	25	62	17	15	18.25	51307	35	68	24	37
6306	30	72	19	30306	30	72	19	16	20.75	51308	40	78	26	42
6307	35	80	21	30307	35	80	21	18	22.75	51309	45	85	28	47
6308	40	90	23	30308	40	90	23	20	25.25	51310	50	95	31	52
6309	45	100	25	30309	45	100	25	22	27.25	51311	55	105	35	57
6310	50	110	27	30310	50	110	27	23	29.25	51312	60	110	35	62
6311	55	120	29	30311	55	120	29	25	31.5	51313	65	115	36	67
6312	60	130	31	30312	60	130	31	26	33.5	51314	70	125	40	72
6313	65	140	33	30313	65	140	33	28	36.0	51315	75	135	44	77

附录 F　极限与配合

表 F-1　基孔制优先、常用配合

基准孔	轴																				
	a	b	c	d	e	f	g	h	js	k	m	n	p	r	s	t	u	v	x	y	z
	间隙配合								过渡配合				过盈配合								
H6						$\frac{H6}{f5}$	$\frac{H6}{g5}$	$\frac{H6}{h5}$	$\frac{H6}{js5}$	$\frac{H6}{k5}$	$\frac{H6}{m5}$	$\frac{H6}{n5}$	$\frac{H6}{p5}$	$\frac{H6}{r5}$	$\frac{H6}{s5}$	$\frac{H6}{t5}$					
H7						$\frac{H7}{f6}$	$\frac{H7}{g6}$	$\frac{H7}{h6}$	$\frac{H7}{js6}$	$\frac{H7}{k6}$	$\frac{H7}{m6}$	$\frac{H7}{n6}$	$\frac{H7}{p6}$	$\frac{H7}{r6}$	$\frac{H7}{s6}$	$\frac{H7}{t6}$	$\frac{H7}{u6}$	$\frac{H7}{v6}$	$\frac{H7}{x6}$	$\frac{H7}{y6}$	
H8					$\frac{H8}{e7}$	$\frac{H8}{f7}$	$\frac{H8}{g7}$	$\frac{H8}{h7}$	$\frac{H8}{js7}$	$\frac{H8}{k7}$	$\frac{H8}{m7}$	$\frac{H8}{n7}$	$\frac{H8}{p7}$	$\frac{H8}{r7}$	$\frac{H8}{s7}$	$\frac{H8}{t7}$	$\frac{H8}{u7}$				
H8				$\frac{H8}{d8}$	$\frac{H8}{e8}$	$\frac{H8}{f8}$		$\frac{H8}{h8}$													
H9			$\frac{H9}{c9}$	$\frac{H9}{d9}$	$\frac{H9}{e9}$	$\frac{H9}{f9}$		$\frac{H9}{h9}$													
H10			$\frac{H10}{c10}$	$\frac{H10}{d10}$				$\frac{H10}{h10}$													
H11	$\frac{H11}{a11}$	$\frac{H11}{b11}$	$\frac{H11}{c11}$	$\frac{H11}{d11}$				$\frac{H11}{h11}$													
H12		$\frac{H12}{b12}$						$\frac{H12}{h12}$													

1. 常用配合共 59 种，其中优先配合 13 种。注 ▶ 符号为优先配合

2. H6/n5、H7/p6 在基本尺寸小于或等于 3mm 和 H8/r7 在基本尺寸小于或等于 100mm 时为过渡配合

表 F-2　基轴制优先、常用配合

基准轴	孔																				
	A	B	C	D	E	F	G	H	JS	K	M	N	P	R	S	T	U	V	X	Y	Z
	间隙配合								过渡配合				过盈配合								
h5						$\frac{F6}{h5}$	$\frac{G6}{h5}$	$\frac{H6}{h5}$	$\frac{JS6}{h5}$	$\frac{K6}{h5}$	$\frac{M6}{h5}$	$\frac{N6}{h5}$	$\frac{P6}{h5}$	$\frac{R6}{h5}$	$\frac{S6}{h5}$	$\frac{T6}{h5}$					
h6						$\frac{F7}{h6}$	$\frac{G7}{h6}$	$\frac{H7}{h6}$	$\frac{JS7}{h6}$	$\frac{K7}{h6}$	$\frac{M7}{h6}$	$\frac{N7}{h6}$	$\frac{P7}{h6}$	$\frac{R7}{h6}$	$\frac{S7}{h6}$	$\frac{T7}{h6}$	$\frac{U7}{h6}$				
h7					$\frac{E8}{h7}$	$\frac{F8}{h7}$		$\frac{H8}{h7}$	$\frac{JS8}{h7}$	$\frac{K8}{h7}$	$\frac{M8}{h7}$	$\frac{N8}{h7}$									
h8				$\frac{D8}{h8}$	$\frac{E8}{h8}$	$\frac{F8}{h8}$		$\frac{H8}{h8}$													
h9				$\frac{D9}{h9}$	$\frac{E9}{h9}$	$\frac{F9}{h9}$		$\frac{H9}{h9}$													
h10				$\frac{D10}{h10}$				$\frac{H10}{h10}$													
h11	$\frac{A11}{h11}$	$\frac{B11}{h11}$	$\frac{C11}{h11}$	$\frac{D11}{h11}$				$\frac{H11}{h11}$													
h12		$\frac{B12}{h12}$						$\frac{H12}{h12}$													

常用配合共 47 种，其中优先配合 13 种。注 ▶ 符号为优先配合

表 F-3　优先配合中轴的极限偏差（GB/T 1800.2—2009）　　　　（单位：μm）

基本尺寸/mm		公差带												
大于	至	c 11	d 9	f 7	g 6	h 6	h 7	h 9	h 11	k 6	n 6	p 6	s 6	u 6
–	3	−60	−20	−6	−2	0	0	0	0	+6	+10	+12	+20	+24
		−120	−45	−16	−8	−6	−10	−25	−60	0	+4	+6	+14	+18
3	6	−70	−30	−10	−4	0	0	0	0	+9	+16	+20	+27	+31
		−145	−60	−22	−12	−8	−12	−30	−75	+1	+8	+12	+19	+23
6	10	−80	−40	−13	−5	0	0	0	0	+10	+19	+24	+32	+37
		−170	−76	−28	−14	−9	−15	−36	−90	+1	+10	+15	+23	+28
10	14	−95	−50	−16	−6	0	0	0	0	+12	+23	+29	+39	+44
14	18	−205	−93	−34	−17	−11	−18	−43	−110	+1	+12	+18	+28	+33
18	24	−110	−65	−20	−7	0	0	0	0	+15	+28	+35	+48	+54
														+41
24	30	−240	−117	−41	−20	−13	−21	−52	−130	+2	+15	+22	+35	+61
														+48
30	40	−120	−80	−25	−9	0	0	0	0	+18	+33	+42	+59	+76
		−280												+60
40	50	−130	−142	−50	−25	−18	−25	−62	−160	+2	+17	+26	+43	+86
		−290												+70
50	65	−140	−100	−30	−10	0	0	0	0	+21	+39	+51	+72	+106
		−330											+53	+87
65	80	−150	−174	−60	−29	−19	−30	−74	−190	+2	+20	+32	+78	+121
		−340											+59	+102
80	100	−170	−120	−36	−12	0	0	0	0	+25	+45	+59	+93	+146
		−390											+71	+124
100	120	−180	−207	−71	−34	−22	−35	−87	−220	+3	+23	+37	+101	+166
		−400											+79	+144
120	140	−200											+117	+195
		−450											+92	+170
140	160	−210	−145	−43	−14	0	0	0	0	+28	+52	+68	+125	+215
		−460	−245	−83	−39	−25	−40	−100	−250	+3	+27	+43	+100	+190
160	180	−230											+133	+235
		−480											+108	+210
180	200	−240											+151	+265
		−530											+122	+236
200	225	−260	−170	−50	−15	0	0	0	0	+33	+60	+79	+159	+287
		−550	−285	−96	−44	−29	−46	−115	−290	+4	+31	+50	+130	+258
225	250	−280											+169	+313
		−570											+140	+284

（续）

基本尺寸/mm		公差带											
		c	d	f	g	h				k	n	p	s	u
大于	至	11	9	7	6	6	7	9	11	6	6	6	6	6
250	280	−300 −620	−190 −320	−56 −108	−17 −49	0 −32	0 −52	0 −130	0 −320	+36 +4	+66 +34	+88 +56	+190 +158	+347 +315
280	315	−330 −650											+202 +170	+382 +350
315	355	−360 −720	−210 −350	−62 −119	−18 −54	0 −36	0 −57	0 −140	0 −360	+40 +4	+73 +37	+98 +62	+226 +190	+426 +390
355	400	−400 −760											+244 +208	+471 +435
400	450	−440 −840	−230 −385	−68 −131	−20 −60	0 −40	0 −63	0 −155	0 −400	+45 +5	+80 +40	+108 +68	+272 +232	+530 +490
450	500	−480 −880											+292 +252	+580 +540

表 F-4　优先配合中孔的极限偏差（GB/T 1800.2—2009）　　（单位：μm）

基本尺寸/mm		公差带											
		C	D	F	G	H				K	N	P	S	U
大于	至	11	9	8	7	7	8	9	11	7	7	7	7	7
−	3	−120 −60	+45 +20	+20 +6	+12 +2	+10 0	+14 0	+25 0	+60 0	0 −10	−4 −14	−6 −16	−14 −24	−18 −28
3	6	−145 −70	+60 +30	+28 +10	+16 +4	+12 0	+18 0	+30 0	+75 0	+3 −9	−4 −16	−8 −20	−15 −27	−19 −31
6	10	−170 −80	+76 +40	+35 +13	+20 +5	+15 0	+22 0	+36 0	+90 0	+5 −10	−4 −19	−9 −24	−17 −32	−22 −37
10	14	+205 +95	+93 +50	+43 +16	+24 +6	+18 0	+27 0	+43 0	+110 0	+6 −12	−5 −23	−11 −29	−21 −39	−26 −44
14	18													
18	24	+240 +110	+117 +65	+53 +20	+28 +7	+21 0	+33 0	+52 0	+130 0	+6 −15	−7 −28	−14 −35	−27 −48	−33 −54
24	30													−40 −61
30	40	+280 +120	+142 +80	+64 +25	+34 +9	+25 0	+39 0	+62 0	+160 0	+7 −18	−8 −33	−17 −42	−34 −59	−51 −76
40	50	+290 +130												−61 −86
50	65	+330 +140	+174 +100	+76 +30	+40 +10	+30 0	+46 0	+74 0	+190 0	+9 −21	−9 −39	−21 −51	−42 −72	−76 −106
65	80	+340 +150											−48 −78	−91 −121

（续）

基本尺寸/mm		公差带												
		C	D	F	G		H			K	N	P	S	U
大于	至	11	9	8	7	7	8	9	11	7	7	7	7	7
80	100	+390 +170	+207 +120	+90 +36	+47 +12	+35 0	+54 0	+87 0	+220 0	+10 -25	-10 -45	-24 -59	-58 -93	-111 -146
100	120	+400 +180											-66 -101	-131 -166
120	140	+450 +200	+245 +145	+106 +43	+54 +14	+40 0	+63 0	+100 0	+250 0	+12 -28	-12 -52	-28 -68	-77 -117	-155 -195
140	160	+460 +210											-85 -125	-175 -215
160	180	+480 +230											-93 -133	-195 -235
180	200	+530 +240	+285 +170	+122 +50	+61 +15	+46 0	+72 0	+115 0	+290 0	+13 -33	-14 -60	-33 -79	-105 -151	-219 -265
200	225	+550 +260											-113 -159	-241 -287
225	250	+570 +280											-123 -169	-267 -313
250	280	+620 +300	+320 +190	+137 +56	+69 +17	+52 0	+81 0	+130 0	+320 0	+16 -36	-14 -66	-36 -88	-138 -190	-295 -347
280	315	+650 +330											-150 -202	-330 -382
315	355	+720 +360	+350 +210	+151 +62	+75 +18	+57 0	+89 0	+140 0	+360 0	+17 -40	-16 -73	-41 -98	-169 -226	-369 -426
355	400	+760 +400											-187 -244	-414 -471
400	450	+840 +440	+385 +230	+165 +68	+83 +20	+63 0	+97 0	+155 0	+400 0	+18 -45	-17 -80	-45 -108	-209 -272	-467 -530
450	500	+880 +480											-229 -292	-517 -580

参 考 文 献

[1] 叶玉驹，焦永和，张彤．机械制图手册 [M]．4 版．北京：机械工业出版社，2008.

[2] 全国技术产品文件标准化技术委员会．技术产品文件标准汇编：技术制图卷 [M]．2 版．北京：中国标准出版社，2009.

[3] 张彤，樊红丽，焦永和．机械制图 [M]．2 版．北京：北京理工大学出版社，2006.

[4] 钱可强．机械制图 [M]．4 版．北京：中国劳动社会保障出版社，2001.

[5] 钱可强．机械制图 [M]．5 版．北京：中国劳动社会保障出版社，2007.

[6] 王建华，毕万全．机械制图与计算机绘图 [M]．北京：国防工业出版社，2006.